对接世界技能大赛技术标准创新系列教材

技工院校一体化课程教学改革模具制造专业教材

模具零件数控机床加工

（电火花线切割加工分册）

人力资源社会保障部教材办公室　组织编写

 中国劳动社会保障出版社

内容简介

本套教材为对接世赛标准深化一体化专业课程改革模具制造专业教材,对接世赛塑料模具工程、原型制作项目,学习目标融入世赛要求,学习内容对接世赛技能标准,考核评价方法参照世赛评分方案,并设置了世赛知识栏目。

本书主要内容包括手机支架制作、玩具车制作、异形垫片级进模制作等。

图书在版编目(CIP)数据

模具零件数控机床加工.电火花线切割加工分册 / 人力资源社会保障部教材办公室组织编写 . -- 北京:中国劳动社会保障出版社,2021

对接世界技能大赛技术标准创新系列教材 技工院校一体化课程教学改革模具制造专业教材

ISBN 978-7-5167-5035-3

Ⅰ.①模… Ⅱ.①人… Ⅲ.①模具 – 零部件 – 数控机床 – 电火花线切割 – 技工学校 – 教材 Ⅳ.①TG760.6

中国版本图书馆 CIP 数据核字(2021)第 197869 号

中国劳动社会保障出版社出版发行

(北京市惠新东街 1 号 邮政编码:100029)

*

北京市艺辉印刷有限公司印刷装订 新华书店经销

880 毫米 ×1230 毫米 16 开本 10.5 印张 246 千字

2021 年 12 月第 1 版 2021 年 12 月第 1 次印刷

定价:26.00 元

读者服务部电话:(010)64929211/84209101/64921644

营销中心电话:(010)64962347

出版社网址:http://www.class.com.cn

http://jg.class.com.cn

对接世界技能大赛技术标准创新系列教材

编审委员会

主　　任：刘　康

副 主 任：张　斌　王晓君　刘新昌　冯　政

委　　员：王　飞　翟　涛　杨　奕　张　伟　赵庆鹏　姜华平

杜庚星　王鸿飞

模具制造专业课程改革工作小组

课 改 校：广东省机械技师学院　江苏省常州技师学院　广西机电技师学院

成都市技师学院　江苏省盐城技师学院　承德技师学院

徐州工程机械技师学院

技术指导：李克天

编　　辑：马文睿　吕滨滨

本书编审人员

主　　编：王华雄

副 主 编：严金荣

参　　编：李伟国　张志斌　卢森锐　曾海波　李　明

序

世界技能大赛由世界技能组织每两年举办一届，是迄今全球地位最高、规模最大、影响力最广的职业技能竞赛，被誉为"世界技能奥林匹克"。我国于2010年加入世界技能组织，先后参加了五届世界技能大赛，累计取得36金、29银、20铜和58个优胜奖的优异成绩。第46届世界技能大赛将在我国上海举办。2019年9月，习近平总书记对我国选手在第45届世界技能大赛上取得佳绩作出重要指示，并强调，劳动者素质对一个国家、一个民族发展至关重要。技术工人队伍是支撑中国制造、中国创造的重要基础，对推动经济高质量发展具有重要作用。要健全技能人才培养、使用、评价、激励制度，大力发展技工教育，大规模开展职业技能培训，加快培养大批高素质劳动者和技术技能人才。要在全社会弘扬精益求精的工匠精神，激励广大青年走技能成才、技能报国之路。

为充分借鉴世界技能大赛先进理念、技术标准和评价体系，突出"高、精、尖、缺"导向，促进技工教育与世界先进标准接轨，完善我国技能人才培养模式，全面提升技能人才培养质量，人力资源社会保障部于2019年4月启动了世界技能大赛成果转化工作。根据成果转化工作方案，成立了由世界技能大赛中国集训基地、一体化课改学校，以及竞赛项目中国技术指导专家、企业专家、出版集团资深编辑组成的对接世界技能大赛技术标准深化专业课程改革工作小组，按照创新开发新专业、升级改造传统专业、深化一体化专业课程改革三种对接转化原则，以专业培养目标对接职业描述、专业课程对接世界技能标准、课程考核与评价对接评分方案等多种操作模式和路径，同时融入健康与安全、绿色与环保及可持续发展理念，开发与世界技能大赛项目对接的专业人才培养方案、教材及配套教学资源。首批对接 19 个世界技能大赛项目共 12 个专业的成果将于 2020—2021 年陆续出版，主要用于技工院校日常专业教学工作中，充分发挥世界技能大赛成果转化对技工院校技能人才的引领示范作用。在总结经验及调研的基础上选择新的对接项目，陆续启动第二批等世界技能大赛成果转化工作。

希望全国技工院校将对接世界技能大赛技术标准创新系列教材，作为深化专业课程建设、创新人才培养模式、提高人才培养质量的重要抓手，进一步推动教学改革，坚持高端引领，促进内涵发展，提升办学质量，为加快培养高水平的技能人才作出新的更大贡献！

2020年11月

目　　录

学习任务一　手机支架制作

🔧 学习目标

1. 能借助相关手册，查阅零件、工具、量具所用材料的牌号、性能、分类、用途。

2. 能识读零件的轴测图和视图表达方案，表述出零件的形状、尺寸、表面粗糙度、公差等信息，并掌握上述信息的含义。

3. 能综合分析项目实施所需的设备、工具、量具，项目完成的时间要求，项目团队成员的综合能力，制订合理的、可实施的项目计划。

4. 能根据项目要求制定工艺安排，并规划实施过程中必需的工具、量具、夹具、刀具等工艺装备，完成分工安排。

5. 能根据模具零件图样的要求，检验模具零件的制造精度，判断模具零件是否达到图样要求，并能制定不合格零件的补救措施。

6. 能保证制造过程安全规范，在项目实施过程中保持场地达到"5S"标准。

🔧 建议学时

40 学时。

🔧 工作情景描述

实训工厂接到一个手机支架的制造任务，该手机支架已经完成设计，需要制造团队在 40 个学时内完成制造，手机支架外形如图 1-1-1 所示，手机支架零件图如图 1-1-2 所示。

图 1-1-1　手机支架外形

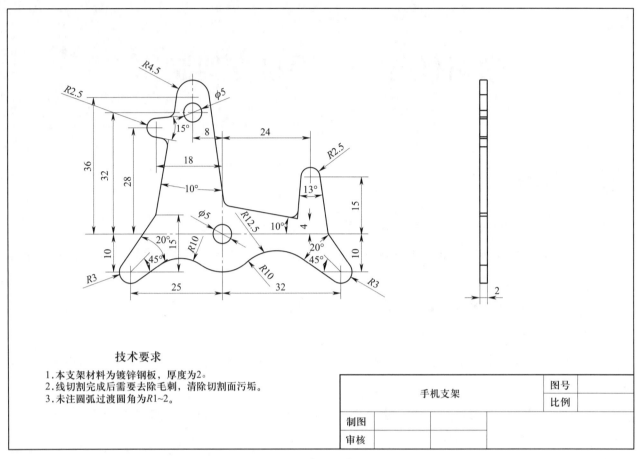

技术要求

1. 本支架材料为镀锌钢板，厚度为2。
2. 线切割完成后需要去除毛刺，清除切割面污垢。
3. 未注圆弧过渡圆角为R1~2。

	手机支架			图号	
				比例	
制图					
审核					

图 1-1-2　手机支架零件图

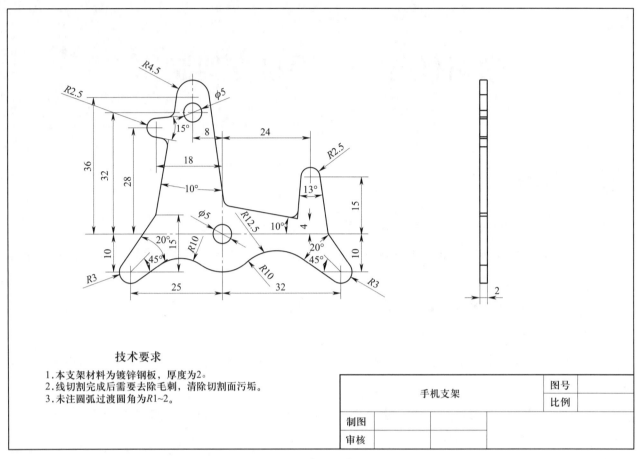

工作流程与活动

学习活动 1　项目任务接受与分析（2 学时）

学习活动 2　手机支架切割加工准备（3 学时）

学习活动 3　认识电切削机床（3 学时）

学习活动 4　绘制图样及编程（14 学时）

学习活动 5　手机支架线切割加工制作（16 学时）

学习活动 6　成果展示与评价（2 学时）

学习活动1　项目任务接受与分析

 **学习目标**

1. 能遵循安全与文明生产规则。

2. 能通过网络搜索、市场调研、查阅书籍等多种途径获取电切削加工的相关信息，并具备处理信息的能力。

3. 能了解电切削加工的工作原理。

4. 能掌握线切割机床的安全操作方法、维护保养方法。

5. 能掌握3B代码的编程方法及编程步骤。

6. 能掌握上丝、校正电极丝等操作技能。

7. 能调节电参数及工艺。

8. 能使用火花法自动定边、定中。

9. 能掌握CAXA线切割软件的基本操作，能绘制图形，并掌握线切割加工的轨迹生成、代码生成及代码后处理等操作。

建议学时：2学时。

 学习过程

分析手机支架零件图，完成表1-1-1的填写。

表 1-1-1　　　　　　　　　　　　　手机支架制作生产任务单

单　　号：＿＿＿＿＿＿＿＿＿＿＿　　　开单时间：＿＿＿年＿＿＿月＿＿＿日＿＿＿时

开单部门：＿＿＿＿＿＿＿＿＿＿＿　　　开 单 人：＿＿＿＿＿＿＿＿＿＿＿＿

接 单 人：＿＿＿＿部＿＿＿＿组＿＿＿＿　　签　　名：＿＿＿＿＿＿＿＿＿＿＿＿

以下由开单人填写

序号	产品名称	材料	数量	技术标准、质量要求

任务细则	1. 到仓库领取相应的材料 2. 根据现场情况选用合适的工具、量具和设备 3. 根据加工工艺进行加工，交付检验 4. 填写生产任务单，清理工作场地，完成工具、量具、设备的维护保养		
任务类型		完成工时	

以下由开单人和接单人填写

领取材料		仓库管理员（签名） 　　年　　月　　日
领取工具、量具		
完成质量 （小组评价）		班组长（签名） 　　年　　月　　日
用户意见 （教师评价）		用户（签名） 　　年　　月　　日
改进措施 （反馈改良）		

学习活动 2　手机支架切割加工准备

 学习目标

1. 能遵循安全与文明生产规则。

2. 能根据工作任务要求，收集相关资料。

3. 能描述电切削工工作岗位的要求。

4. 能描述电切削机床的型号、名称及其加工特点。

5. 能用专业术语与同事、队友及其他专业人员进行有效沟通与合作。

建议学时：3 学时。

 学习过程

1. 在下列横线上填写图 1-2-1 所示的各安全标志的名称。

_____　　_____　　_____　　_____

_____　　_____　　_____　　_____

图 1-2-1　安全标志

2．根据表 1-2-1 所给出的设备图示，将设备名称、型号以及加工特点填写完整。

表 1-2-1　　　　　　　　　　　　　　　　常用设备

图示	设备名称、型号	加工特点

续表

图示	设备名称、型号	加工特点
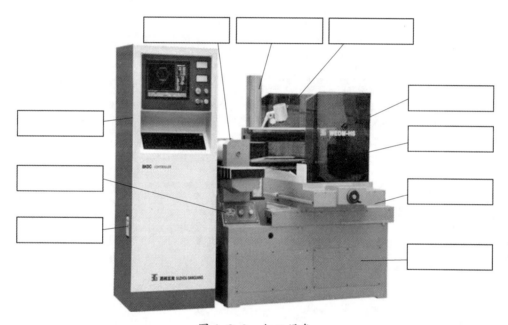		

3．请在图 1-2-2 的方框中填写加工设备各机构与部件的名称。

图 1-2-2　加工设备

4．线切割机床主要由哪几部分组成？

5．根据图 1-2-3 写出 DK7725E 型线切割机床传动系统的工作原理和过程。

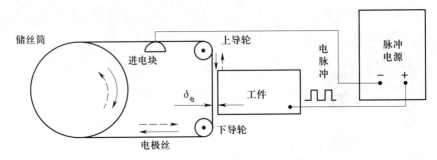

图 1-2-3　DK7725E 型线切割机床传动系统

6．解释线切割机床型号"DK7725E"的含义。

D 表示：

K 表示：

77 表示：

25 表示：

E 表示：

7．线切割机床的常用工具有哪些？

学习活动 3 认识电切削机床

 **学习目标**

> 1. 能通过网络搜索、市场调研、查阅书籍等多种途径获取电切削加工的相关信息,并具备处理信息的能力。
>
> 2. 了解电切削加工的工作原理。
>
> 3. 能掌握线切割机床的安全操作方法、维护保养方法。
>
> 4. 能表述出电切削工具电极的材料和规格。
>
> 建议学时:3 学时。

 学习过程

1. 写出线切割加工机床放电加工的工作原理。

2．根据图 1-3-1 写出电火花加工机床的工作原理。

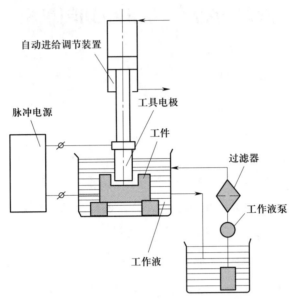

图 1-3-1 电火花加工机床的工作原理

3．查阅相关资料，完成下列填空题。

（1）第一台实用的电火花加工装置的发明时间是＿＿＿＿＿＿＿＿＿＿＿＿＿＿＿＿＿＿＿＿＿。

（2）电火花与线切割加工属于＿＿＿＿＿＿＿＿＿＿＿＿加工。

4．请在表 1-3-1 中填写工具电极的材料名称、所适用的机床及其优、缺点。

表 1-3-1 常用工具电极

图示	材料名称	所适用的机床	优点	缺点

续表

图示	材料名称	所适用的机床	优点	缺点

5. 请简述电规准参数的含义，该参数都包括哪些？

6．简述脉冲宽度的含义。

7．分别简述正极性加工和负极性加工的含义。

学习活动 4　绘制图样及编程

 学习目标

> 1. 能遵循安全与文明生产规则。
>
> 2. 能掌握 3B 代码的编程方法及编程步骤。
>
> 3. 能在线切割设备控制器上进行程序输入及调用等操作。
>
> 4. 能掌握 CAXA 线切割编程软件的基本操作，能绘制图形，并掌握线切割加工的轨迹生成、代码生成及代码后处理等操作。
>
> 建议学时：14 学时。

 学习过程

1. 线切割编程中 3B 代码格式为 BXBYBJGZ，请写出各代码的含义。

B 表示：

X、Y 表示：

J 表示：

G 表示：

Z 表示：

2．请用 3B 代码编写图 1-4-1、图 1-4-2、图 1-4-3 所示图形的加工程序，并用厚度为 5 mm 的 45 钢的钢板加工。

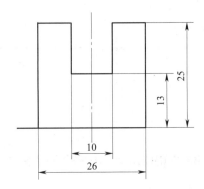

图 1-4-1　根据图形编写加工程序 1

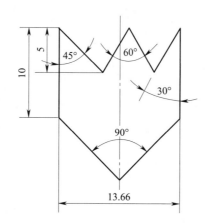

图 1-4-2　根据图形编写加工程序 2

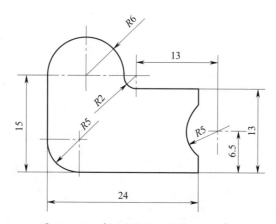

图 1-4-3　根据图形编写加工程序 3

3．在线切割设备控制器上输入及调用程序的操作步骤是什么？

4．使用线切割软件绘制手机支架图，并生成加工代码。

学习活动 5　手机支架线切割加工制作

学习目标

1. 能遵循安全与文明生产规则。
2. 能读懂手机支架各零件图。
3. 能安全正确操作线切割设备。
4. 能根据手机支架结构制定加工工艺。
5. 能正确操作线切割设备并加工手机支架各零件。

建议学时：16 学时。

学习过程

1. 根据手机支架板零件图，想一想在本校模具实训车间有哪些机床能够加工该零件？选择何种机床加工手机支架板零件最为合适（写出选择理由）？写出所选机床的型号和主要技术参数。

2. 根据上一题所选的机床，在加工手机支架板零件时，需要选用哪些工具、量具？

3．写出手机支架板零件在加工时的装夹方法（两种以上）。

4．写出手机支架板零件的详细加工步骤。

5．抄写手机支架板零件的加工代码。

6．通过小组讨论，在团队合作的基础上明确成员分工，完成表 1-5-1 的填写。

表 1-5-1　　　　　　　　　　　　　成员分工

序号	工作	主要责任人	协助人员
1	项目总负责		
2	质量主管		
3	装配负责人		
4	手机支架制作 1		
5	手机支架制作 2		
6	手机支架制作 3		

7．项目小组统计完成本次手机支架制造任务所需要的刀具、量具、工具、夹具、设备等资源，并填写在表 1-5-2 中，作为申请领取物资的依据。

表 1-5-2　　　　　　　　　刀具、量具、工具、夹具、设备清单

项目	序号	名称	规格型号	数量	备注
刀具					
量具					
工具、夹具					
设备					

8．做好加工前各项准备工作，填写表 1-5-3。

表 1-5-3　　　　　　　　　　　　　　加工前准备工作确认表

序号	检查内容	确认状态 （确认则画 "√"）	备注
1	设备是否能正常启动、关停		
2	设备润滑是否正常		
3	设备切削液是否充足		
4	线切割机床储丝筒储丝是否超过一半		
5	切割部分钼丝是否校直		
6	线切割保护壳是否齐全完好		
7	工具是否准备齐全		
8	刀具是否准备齐全		
9	加工所需工艺装备、夹具是否准备齐全		
10	量具是否准备齐全		
11	加工材料是否检查确认无误		
12	操作者着装是否符合安全规范		

检查：　　　　　　　　审核：　　　　　　　　时间：

9．小组讨论后，制定零件的加工工艺，完成表 1-5-4 的填写。

表 1-5-4　　　　　　　　　　　　　　机械加工工艺过程卡

零件名称		零件图号		材料	
毛坯类型		毛坯尺寸		加工数量	
序号	工序名称	工序内容		工艺装备	工时

制定人：　　　　　　　　品质主管：　　　　　　　　项目经理：

10．根据手机支架板零件图给出的尺寸，检测加工好的手机支架各零件，并把检测结果填写在表 1-5-5 中。

表 1-5-5　　　　　　　　　　　　　　　　零件质量检测表

零件名称		图号		加工负责人		
序号	检测项目	配分	自检	互检	用三坐标测量仪检测数值	得分
检测主管：			项目经理：		总得分：	

11．对实训场地进行"5S"管理，完成表 1-5-6 的填写。

表 1-5-6　　　　　　　　　　　　实训场地"5S"自检表

检查人		检查时间	
项目	检查内容		是否合格
整理	现场是否有废料、杂物和设备工具等		
	设备、工作台是否有个人生活用品、垃圾		
	工具箱中的工具分类是否正确		
整顿	待加工品、成品是否按区摆放		
	工具、量具、刀具是否放在规定位置		
	文件资料、学习资料是否归位存放		
清扫	设备是否按要求清扫		
	工作场地是否按要求清扫		
	加工废屑是否放在指定位置		
	布置的卫生区域是否清扫		
清洁	垃圾是否分类清除		
	工作台是否清洁无垃圾		
	工具、量具是否清洁		
	个人工作服是否清洁		
素养	消防器材是否缺失		
	操作人员是否遵守安全操作规程		
	工作人员着装是否符合规范要求		
	下班前是否关电、关水、关门窗		
备注	1．检查发现不合格处须及时纠正 2．发现严重违规行为则项目组停工整顿 3．由各项目组派人轮流进行检查 4．以项目为被检查单位		

学习活动6　成果展示与评价

 学习目标

1. 能采用多种形式进行成果展示。
2. 能对工作过程进行客观评价。
3. 能规范撰写工作总结。
4. 能有效进行工作反馈与经验交流。

建议学时：2学时。

 学习过程

1．课前准备工作。

（1）项目小组利用课余时间进行总结，设计合理的形式进行展示，并布置好展示台。要求采用多种展示方式，如模具实物、海报、视频等。

（2）每个项目小组必须制作一个项目总结PPT，展示项目实施过程，模具产品，项目实施经验、教训、收获等方面的内容。

（3）项目小组成员每人必须撰写一份工作总结，以文字和图片结合的形式编写。主要针对个人在项目实施过程中发挥的作用，组织实施的经验和教训，技术总结和收获。个人工作总结打印出来后需统一上交项目经理，项目经理审核过后交指导教师审核。

2．项目展示。

（1）项目小组之间轮流参观，每个项目小组留一人讲解（15 min左右）。

（2）项目集中展示，每个小组派一人讲解展示项目总结。其他组对展示小组的成果进行相应的评价，展示小组同时也接受其他组的提问，并做出回答。提问主要针对工艺、技术等方面。

3．小组项目评价。

（1）小组自评（见表1-6-1）

表 1-6-1 小组自评表

评价内容	评价标准			
1. 本小组是否达到技术标准	合格	不良	返修	报废
2. 与其他小组相比，你认为本小组的安全操作方法如何	优	合理	一般	差
3. 在介绍成果时，本小组的表达是否清晰	良好	一般	差	
4. 本小组成员的基本操作方法是否正确	正确	部分正确	不正确	
5. 本小组演示操作时是否遵循了"5S"的工作要求	完全遵循工作要求	忽略部分要求	完全没有遵循	
6. 本小组成员的团队合作精神与创新精神如何	良好	一般	较差	
7. 总结这次任务本小组是否达到学习目标？对本小组的建议是什么				

小组长签名： 年 月 日

（2）小组互评（见表 1-6-2）

表 1-6-2 小组互评表

评价内容	评价标准			
1. 该小组操作方法是否符合技术标准	合格	不良	返修	报废
2. 与其他小组相比，你认为该小组的安全操作方法如何	优	合理	一般	差
3. 在介绍成果时，该小组的表达是否清晰	良好	一般	差	
4. 该小组演示基本操作的方法是否正确	正确	部分正确	不正确	
5. 该小组演示操作时是否遵循了"5S"的工作要求	完全遵循工作要求	忽略部分要求	完全没有遵循	
6. 该小组成员的团队合作精神与创新精神如何	良好	一般	较差	
7. 总结这次任务该小组是否达到学习目标？对该小组的建议是什么				

小组长签名： 年 月 日

（3）小组项目总体评价（见表1-6-3）

表1-6-3 小组项目总体评价表

评价内容	配分	得分	签名
小组自评（10%）	10		
小组互评（20%）	20		
教师评价（70%）	70		
教师对小组总体评价			
总分			

任课教师签名： 年 月 日

4. 项目实施个人总体评价。

（1）自我评价（见表1-6-4）

表1-6-4 自我评价表

评价内容	评价标准	努力方向或者建议
1. 你负责的任务完成情况是否正常	正常 □ 不正常 □ 基本正常 □	
2. 你觉得自己在小组中发挥的作用是什么	主导作用 □ 配合作用 □ 旁观者作用 □	
3. 你对这个学习任务的学习是否满意	很好 □ 一般 □ 不太满意 □	
4. 完成本次任务后，你学会使用哪些资源来查找相关资料	教材 □ 教师 □ 手册 □ 计算机 □ 其他 □ （可多项选择）	
5. 通过完成本任务，你对本项目内容有一个初步的认识吗？哪些方面还有待进一步改善	完全掌握 □ 大部分能够掌握 □ 有一点点掌握 □ 没有 □	
6. 完成工作页的质量	独立完成 □ 别人帮助 □	
7. 在完成本任务的过程中你是否遇到过困难？遇到过哪些困难？你是怎样解决的		

本人签名： 年 月 日

（2）个人总体评价（见表1-6-5）

表1-6-5 个人总体评价表

评价内容	项目	配分	自我评价	小组评价	教师评价	综合评价
专业能力	机床保养	20				
	基本操作	15				
	安全文明生产	15				
社会能力	出勤、纪律、态度	8				
	讨论、互动、协作精神	10				
	表达、会话	8				
方法能力	学习能力、收集和处理信息能力、创新精神	24				
合计						

教师签名：　　　　　　　　　　　　　　　　　　　　　年　　月　　日

世赛知识

在 42 届世界技能大赛中，我国第一次派队参加了塑料模具工程项目的竞赛。至今为止，我国在塑料模具工程项目连续参加了 4 届比赛。世界技能大赛每届比赛完成后，竞赛项目经理会组织各国专家对当前的项目和职业技能发展进行调研、讨论，对下一届竞赛的方向和模式进行调整。

塑料模具作为模具行业的一个重要组成部分，在电信、医疗、航空航天、汽车、家用电器、办公自动化、娱乐和电子产品等领域起着不可替代的作用。塑料模具工程作为一个独立的加工领域，涵盖了模具设计、模具制造、模具装配与调试、注塑成形、模具维修等环节。作为一项职业技能竞赛，因时间、场地、承办国等因素的制约，该竞赛紧紧围绕塑料模具工程职业中的核心能力，将模具设计、数控加工、模具装配与调试作为竞赛的中心。考核从业者在设计、钳加工和机械加工、抛光、组装、测试和故障排除等方面的专业技能。

如图 1-6-1 至图 1-6-8 所示分别为第 42 届至第 45 届世界技能大赛塑料模具工程竞赛项目，如图 1-6-9 所示为 45 届世界技能大赛塑料模具工程项目竞赛过程，如图 1-6-10 所示为 45 届世界技能大赛塑料模具工程项目现场检测。

图 1-6-1　第 42 届世界技能大赛塑料模具工程项目

图 1-6-2　第 43 届世界技能大赛塑料模具工程项目建模模块

图 1-6-3　第 43 届世界技能大赛塑料模具工程项目设计模块

图 1-6-4　第 43 届世界技能大赛塑料模具工程项目制造模块

图 1-6-5　第 44 届世界技能大赛塑料模具工程项目建模模块

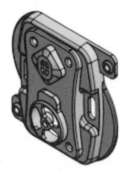

图 1-6-6　第 44 届世界技能大赛塑料模具工程项目设计模块

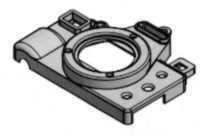

图 1-6-7　第 44 届世界技能大赛塑料模具工程项目制造模块

图 1-6-8　第 45 届世界技能大赛塑料模具工程项目制造模块

图 1-6-9　第 45 届世界技能大赛塑料模具工程项目竞赛过程

图 1-6-10　第 45 届世界技能大赛塑料模具工程项目现场检测

学习任务二　玩具车制作

 **学习目标**

1. 能了解线切割加工全过程。
2. 能正确分析图样要求，掌握线径补偿的知识。
3. 能合理确定穿丝孔的位置。
4. 能掌握 G 代码的编程方法及编程步骤。
5. 能在机床控制面板上正确输入加工程序。
6. 能完成线切割机床的加工任务。
7. 能识读线切割加工零件图样的标注信息、技术要求。

建议学时

40 学时。

工作情景描述

现需要制作一批玩具车，为此要用电火花线切割机床加工，数量为 30 件，工期为 8 天（每天 8 h 工作），请按零件图样加工，定期交货。玩具车外形如图 2-1 所示，玩具车各零件图分别如图 2-2 至图 2-9 所示。

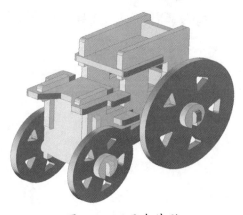

图 2-1　玩具车外形

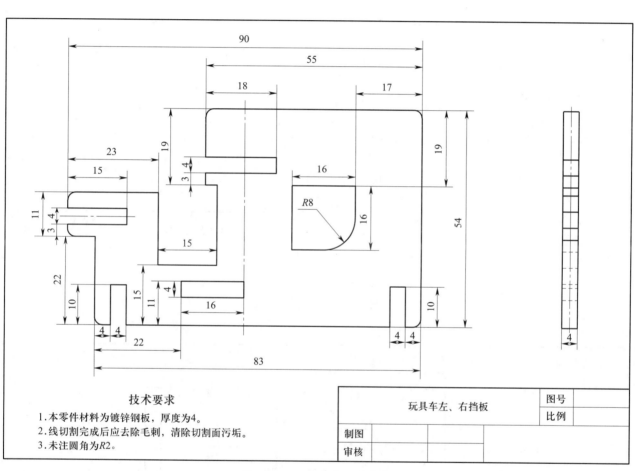

技术要求

1.本零件材料为镀锌钢板,厚度为4。

2.线切割完成后应去除毛刺,清除切割面污垢。

3.未注圆角为R2。

玩具车左、右挡板		图号	
		比例	
制图			
审核			

图 2-2   玩具车左、右挡板

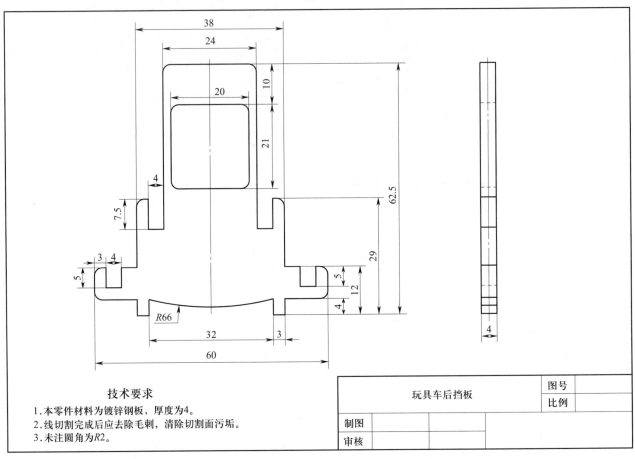

技术要求
1.本零件材料为镀锌钢板，厚度为4。
2.线切割完成后应去除毛刺，清除切割面污垢。
3.未注圆角为R2。

玩具车后挡板		图号	
		比例	
制图			
审核			

图 2-3　玩具车后挡板

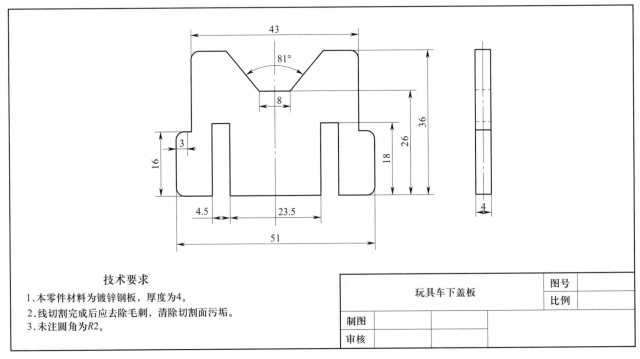

技术要求
1.本零件材料为镀锌钢板，厚度为4。
2.线切割完成后应去除毛刺，清除切割面污垢。
3.未注圆角为R2。

玩具车下盖板		图号	
		比例	
制图			
审核			

图 2-4　玩具车下盖板

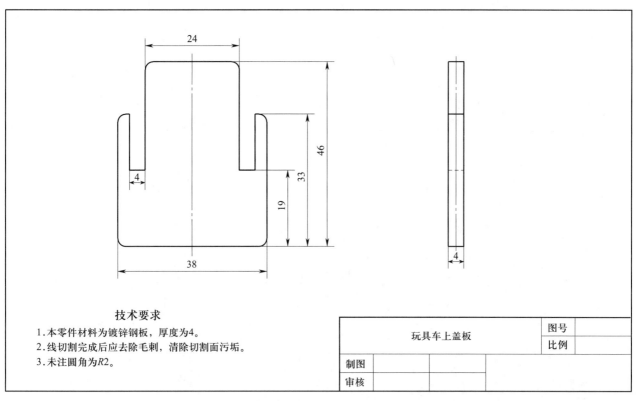

技术要求
1.本零件材料为镀锌钢板，厚度为4。
2.线切割完成后应去除毛刺，清除切割面污垢。
3.未注圆角为R2。

玩具车上盖板			图号	
			比例	
制图				
审核				

图 2-5　玩具车上盖板

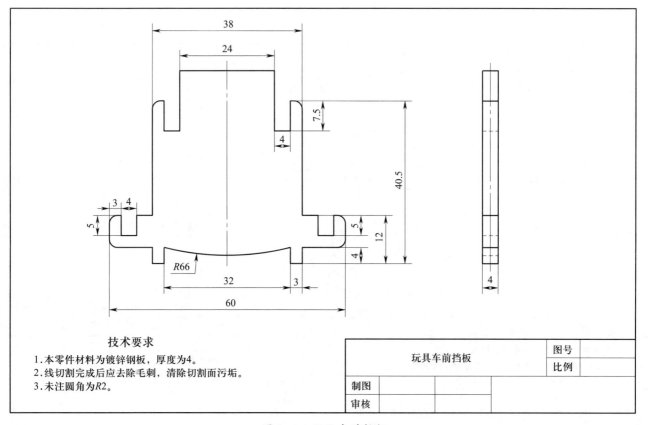

技术要求
1.本零件材料为镀锌钢板，厚度为4。
2.线切割完成后应去除毛刺，清除切割面污垢。
3.未注圆角为R2。

玩具车前挡板			图号	
			比例	
制图				
审核				

图 2-6　玩具车前挡板

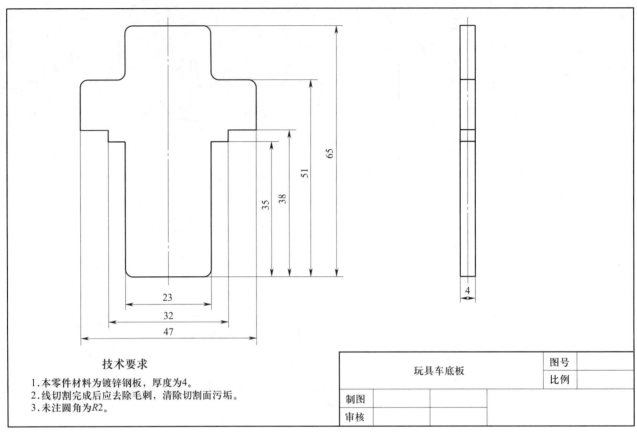

技术要求

1.本零件材料为镀锌钢板，厚度为4。
2.线切割完成后应去除毛刺，清除切割面污垢。
3.未注圆角为R2。

玩具车底板		图号	
		比例	
制图			
审核			

图 2-7 玩具车底板

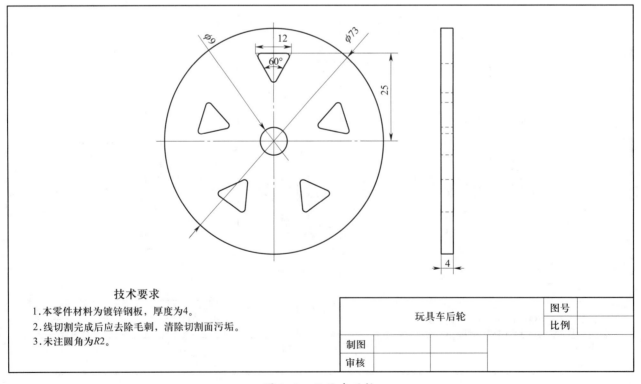

技术要求

1.本零件材料为镀锌钢板，厚度为4。
2.线切割完成后应去除毛刺，清除切割面污垢。
3.未注圆角为R2。

玩具车后轮		图号	
		比例	
制图			
审核			

图 2-8 玩具车后轮

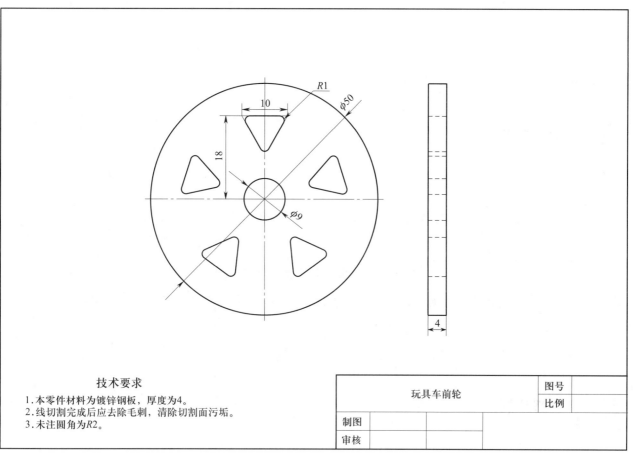

技术要求
1. 本零件材料为镀锌钢板，厚度为4。
2. 线切割完成后应去除毛刺，清除切割面污垢。
3. 未注圆角为R2。

玩具车前轮		图号	
		比例	
制图			
审核			

图2-9 玩具车前轮

![工作流程与活动]

工作流程与活动

学习活动1 项目任务接受与分析（2学时）

学习活动2 玩具车外形切割加工准备（2学时）

学习活动3 玩具车外形切割工艺分析及计划制订（6学时）

学习活动4 玩具车外形切割加工（20学时）

学习活动5 玩具车外形产品检测（4学时）

学习活动6 成果展示与评价（6学时）

学习活动1　项目任务接受与分析

 学习目标

1. 能借助相关手册，查阅零件、刀具所用材料的牌号、用途、性能、分类、属性。

2. 能识读零件的装配图和三视图，表述出零件的形状、尺寸、表面粗糙度、公差等信息，并掌握各信息的含义。

建议学时：2 学时。

 学习过程

分析玩具车零件图，完成表 2-1-1 的填写。

表 2-1-1　　　　　　　　　　玩具车制作生产任务单

单　　号：＿＿＿＿＿＿＿＿＿＿＿＿　　开单时间：＿＿＿年＿＿＿月＿＿＿日＿＿＿时
开单部门：＿＿＿＿＿＿＿＿＿＿＿＿　　开单人：＿＿＿＿＿＿＿＿＿＿＿＿＿
接单人：＿＿＿＿＿部＿＿＿＿组＿＿＿＿　签　　名：＿＿＿＿＿＿＿＿＿＿＿＿＿

以下由开单人填写

序号	产品名称	材料	数量	技术标准、质量要求

任务细则	1. 到仓库领取相应的材料 2. 根据现场情况选用合适的工具、量具和设备 3. 根据加工工艺进行加工，交付检验 4. 填写生产任务单，清理工作场地，完成工具、量具、设备的维护保养		
任务类型		完成工时	

以下由开单人和接单人填写

领取材料		仓库管理员（签名）	
领取工具、量具			年　月　日

完成质量 （小组评价）		班组长（签名） 　　年　　月　　日
用户意见 （教师评价）		用户（签名） 　　年　　月　　日
改进措施 （反馈改良）		

注：生产任务单与零件图样、工艺卡一起领取。

学习活动 2　玩具车外形切割加工准备

 学习目标

> 1. 能按照规定领取工作任务。
>
> 2. 能掌握线切割加工全过程。
>
> 3. 能有效分析图样要求。
>
> 4. 能掌握线径补偿的知识。
>
> 5. 能合理确定穿丝孔的位置。
>
> 建议学时：2 学时。

 学习过程

1．根据生产任务单，明确零件名称、制作材料、零件数量和完成时间。

零件名称：＿＿＿＿＿＿＿＿＿＿＿＿；　　制作材料：＿＿＿＿＿＿＿＿＿＿＿＿；

零件数量：＿＿＿＿＿＿＿＿＿＿＿＿；　　完成时间：＿＿＿＿＿＿＿＿＿＿＿＿。

2．查阅相关资料完成以下内容的填写。

（1）写出电火花线切割机床的安全操作规程。

（2）写出用于制作玩具车外形的材料尺寸，并简单画出所有零件的毛坯图。

（3）分析玩具车各零件图样，写出加工技术的主要要求。

（4）将玩具车外形的主要加工尺寸和几何公差要求（按未注公差和有关规定）填写在表2-2-1中。

表2-2-1　　　　　　　　　玩具车外形的主要加工尺寸和几何公差要求

序号	项目与技术要求	公差等级或偏差范围
1		
2		
3		
4		
5		
6		
7		
8		
9		
10		
11		
12		

3．使用电火花线切割机床加工零件前的准备工作主要有哪几方面？

4．查阅数控加工工艺的相关资料，完成下列填空题。

（1）分析图样对保证工件加工_____和综合技术指标是有决定作用的。

（2）加工前要先掌握所用电火花线切割机床的各_____。

（3）在分析图样时，首先要审核是否适合使用_____加工，如出现以下几种情况，当前设备无法加工时则应与图样设计者协商解决，申请_____加工或选择其他加工方法。

1）工件的表面质量和_____要求很高，切割后无法进行手工研磨的工件。

2）窄缝小于电极丝_____加双边放电间隙的工件，或图形内拐角处不允许带有电极丝半径加放电间隙所形成的圆角的工件。

3）非_____材料。

4）工件的质量、厚度、加工长度及锥度超出机床的加工_____。

（4）如工件图样符合线切割加工工艺的条件，则应着重在_____、尺寸精度、工件厚度、工件_____、_____、_____等方面仔细考虑。

（5）加工穿丝孔的目的如下：

1）对于凹类零件来说，为保证零件的_____，在切削前必须加工穿丝孔。

2）对于凸类零件来说，一般情况下不需加工_____，但若零件的厚度较大或切割的边数较多时，为减小零件在切割中的变形，在切割前必须加工_____。

3）若要作为加工时的基准孔，以保证被_____与其他有关部位的位置精度，必须加工穿丝孔。

（6）穿丝孔作为工件加工的工艺孔，是电极丝相对于工件运动的_____，同时也是程序执行的_____位置，应选在容易找正和便于编程计算的位置。

1）切割尺寸较小的凹形零件时，穿丝孔设在_____。

2）切割凸形零件或大尺寸凹形零件时，一般将穿丝孔设在_____附近。

3）大尺寸零件在切割前应沿加工轨迹设置_____穿丝孔，以便发生断丝时能就近重新穿丝，切入断丝点。

4）穿丝孔的大小适中，一般选在直径_____范围内。

（7）穿丝孔的加工方式包括_____、_____、镗孔或_____进行穿孔。

学习活动3 玩具车外形切割工艺分析及计划制订

 **学习目标**

1. 能遵循安全与文明生产规则。

2. 能读懂玩具车所有零件图样。

3. 能根据玩具车结构及技术要求制定玩具车所有零件的加工工艺。

4. 能正确分析玩具车的结构和装配特点。

5. 能用专业术语与同学、队友及其他专业人员进行有效沟通与合作。

建议学时：6学时。

 学习过程

1. 通过小组讨论，在团队合作的基础上明确成员分工，填写表2-3-1。

表2-3-1   成员分工

序号	工作	主要责任人	协助人员
1	项目总负责		
2	质量主管		
3	装配负责人		
4	左挡板		
5	右挡板		
6	后挡板		
7	上盖板		
8	前挡板		
9	下盖板		

续表

序号	工作	主要责任人	协助人员
10	车底板		
11	车后轮		
12	车前轮		

2．项目小组统计完成本次玩具车制造任务所需要的刀具、量具、工具、夹具、设备等资源，并统一填写在表 2-3-2 中，作为申请领取物资的依据。

表 2-3-2　　　　　　　　　　刀具、量具、工具、夹具、设备清单

项目	序号	名称	规格型号	数量	备注
刀具					
量具					
工具、夹具					
设备					

3．根据玩具车左、右挡板零件图（见图 2-3-1），分析该零件的加工工艺。

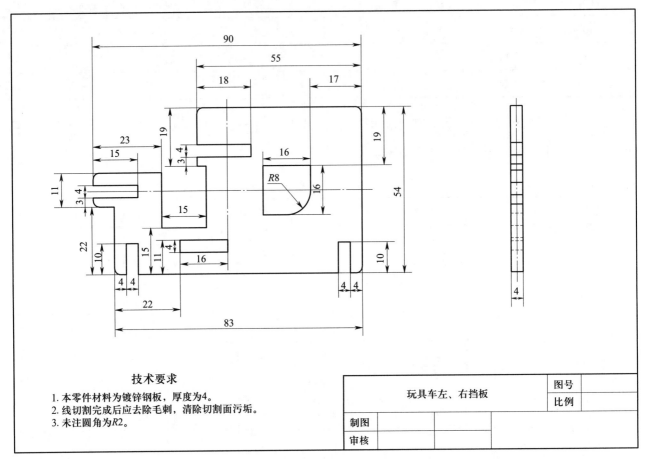

技术要求

1. 本零件材料为镀锌钢板，厚度为4。
2. 线切割完成后应去除毛刺，清除切割面污垢。
3. 未注圆角为*R*2。

玩具车左、右挡板		图号	
		比例	
制图			
审核			

图 2-3-1　分析玩具车左、右挡板的加工工艺

4．考虑工件在切割时的变形现象，请根据玩具车各零件的特点，合理制定各零件的切割路线及装夹位置（分别在图 2-3-2 至图 2-3-6 中画出简易切割路线及装夹位置）。

（1）玩具车左、右挡板

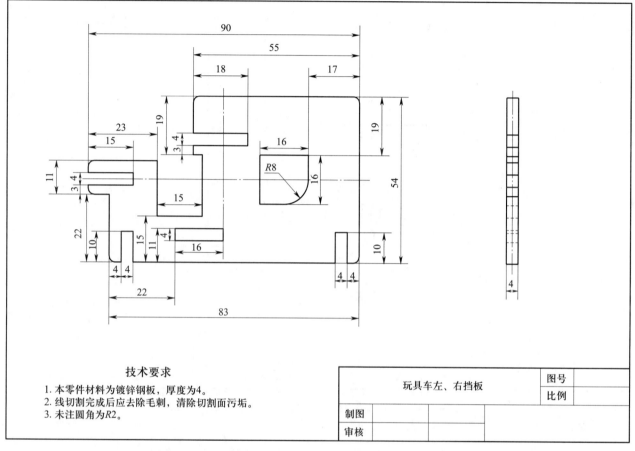

技术要求
1．本零件材料为镀锌钢板，厚度为4。
2．线切割完成后应去除毛刺，清除切割面污垢。
3．未注圆角为R2。

玩具车左、右挡板		图号	
		比例	
制图			
审核			

图 2-3-2　制定玩具车左、右挡板的切割路线及装夹位置

（2）玩具车后挡板

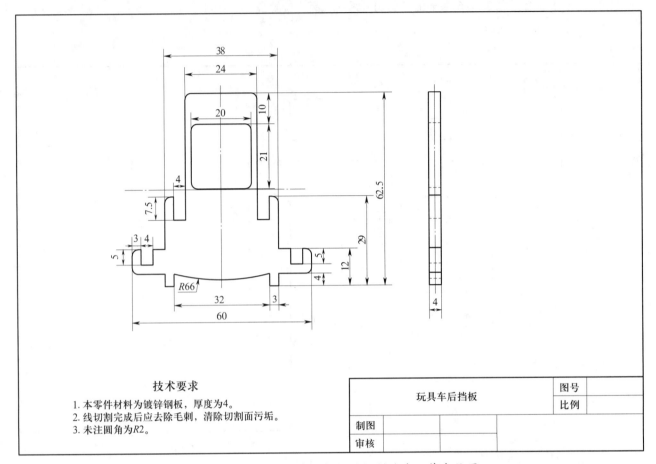

技术要求
1. 本零件材料为镀锌钢板，厚度为4。
2. 线切割完成后应去除毛刺，清除切割面污垢。
3. 未注圆角为R2。

	玩具车后挡板		图号	
			比例	
制图				
审核				

图 2-3-3　制定玩具车后挡板的切割路线及装夹位置

（3）玩具车前挡板

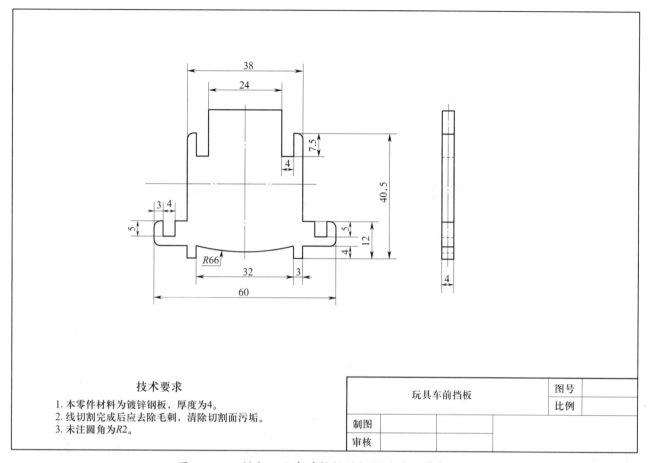

技术要求

1. 本零件材料为镀锌钢板，厚度为4。
2. 线切割完成后应去除毛刺，清除切割面污垢。
3. 未注圆角为R2。

玩具车前挡板		图号	
		比例	
制图			
审核			

图 2-3-4　制定玩具车前挡板的切割路线及装夹位置

（4）玩具车下盖板

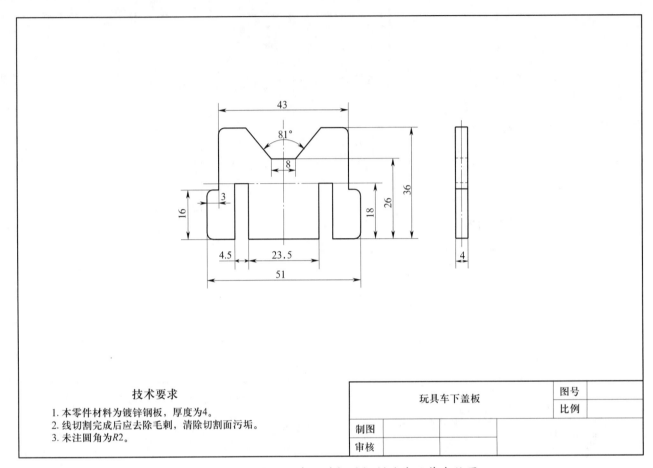

技术要求

1. 本零件材料为镀锌钢板，厚度为4。
2. 线切割完成后应去除毛刺，清除切割面污垢。
3. 未注圆角为R2。

玩具车下盖板			图号	
			比例	
制图				
审核				

图 2-3-5　制定玩具车下盖板的切割路线及装夹位置

（5）玩具车后轮

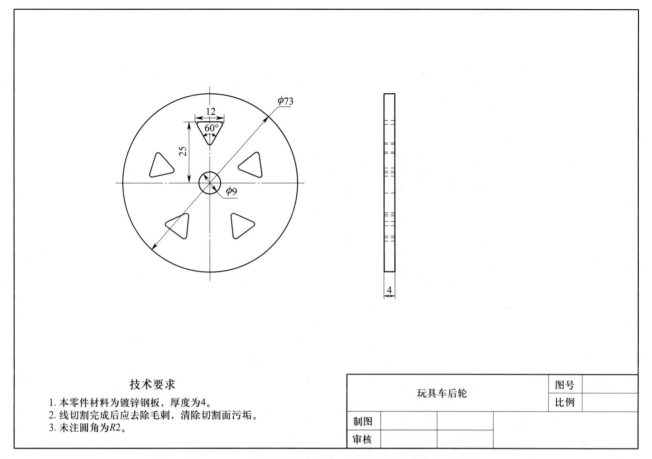

技术要求

1. 本零件材料为镀锌钢板，厚度为4。
2. 线切割完成后应去除毛刺，清除切割面污垢。
3. 未注圆角为*R*2。

玩具车后轮			图号	
			比例	
制图				
审核				

图 2-3-6　制定玩具车后轮的切割路线及装夹位置

（6）玩具车底板

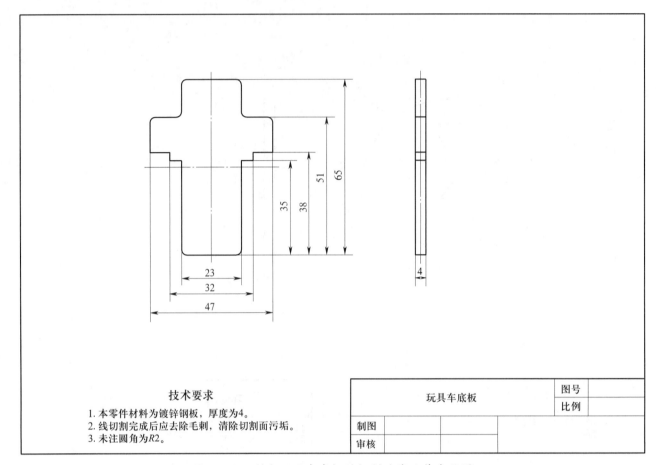

技术要求

1. 本零件材料为镀锌钢板，厚度为4。
2. 线切割完成后应去除毛刺，清除切割面污垢。
3. 未注圆角为R2。

玩具车底板			图号	
			比例	
制图				
审核				

图 2-3-7　制定玩具车底板的切割路线及装夹位置

5．根据玩具车各零件的切割进度，制订玩具车外形切割的工作计划，见表 2-3-3。

表 2-3-3　　　　　　　　　　　　　　　工作计划表

零件名称	开始时间	结束时间	工作内容	工作要求	工具、量具	备注
左、右挡板						
后挡板						
下盖板						
上盖板						
前挡板						
车底板						
车后轮						
车前轮						

6．在小组内及小组间对工作计划进行讨论，相互提出改进建议。

7．对实训场地进行"5S"管理，完成表 2-3-4 的填写。

表 2-3-4　　　　　　　　　　　　　实训场地"5S"自检表

检查人		检查时间	
项目	检查内容		是否合格
整理	现场是否有废料、杂物和设备工具等		
	设备、工作台是否有个人生活用品、垃圾		
	工具箱中的工具分类是否正确		
整顿	待加工品、成品是否按区摆放		
	工具、量具、刀具是否放在规定位置		
	文件资料、学习资料是否归位存放		
清扫	设备是否按要求清扫		
	工作场地是否按要求清扫		
	加工废屑是否放在指定位置		
	布置的卫生区域是否清扫		
清洁	垃圾是否分类清除		
	工作台是否清洁无垃圾		
	工具、量具是否清洁		
	个人工作服是否清洁		
素养	消防器材是否缺失		
	操作人员是否遵守安全操作规程		
	工作人员着装是否符合规范要求		
	下班前是否关电、关水、关门窗		
备注	1．检查发现不合格处须及时纠正 2．发现严重违规行为则项目组停工整顿 3．由各项目组派人轮流进行检查 4．以项目为被检查单位		

学习活动 4　玩具车外形切割加工

 **学习目标**

1. 能遵循安全与文明生产规则。

2. 能掌握 ISO 代码的手工编程方法（G 代码编写）。

3. 能根据玩具车结构及技术要求制定加工方法。

4. 能正确加工玩具车各零件。

5. 能正确装配玩具车。

建议学时：20 学时。

 学习过程

1．写出下列 ISO 代码表示的含义。

G00 表示：

G01 表示：

G02 表示：

G03 表示：

G04 表示：

G27 表示：

G28 表示：

G29 表示：

G40 表示：

G41 表示：

G42 表示：

G90 表示：

G91 表示：

G92 表示：

M00 表示：

M02 表示：

2．在编写 G02 和 G03 时，其中 I、J 之值为圆心相对圆弧起点坐标的差值，即：I = X（　　　　　　　）－

X（　　　　　　　）；J = Y（　　　　　　　）－ Y（　　　　　　　）。

3．简化下列代码，并根据代码画出图形，标注尺寸。

N1 G92 X5000 Y20000

N2 G01 X5000 Y12500

N3 G01 X−5000 Y12500

N4 G01 X−5000 Y32500

N5 G01 X5000 Y32500

N6 G01 X5000 Y27500

N7 G02 X5000 Y12500 I0J−7500

N8 G01 X5000 Y20000

N9 M02

4．请用 ISO 代码（G 代码）编写如图 2-4-1 所示图形的加工程序，并画出切割路线。

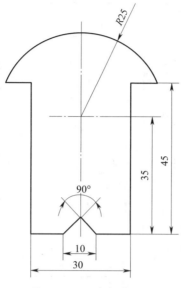

图 2-4-1　编程实例 1

5．请用 ISO 代码（G 代码）编写如图 2-4-2 所示图形的加工程序，并画出切割路线。

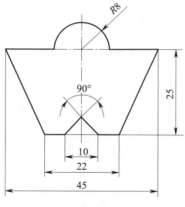

图 2-4-2　编程实例 2

6. 请用 ISO 代码（G 代码）编写如图 2-4-3 所示玩具车底板的加工程序，并画出切割路线。

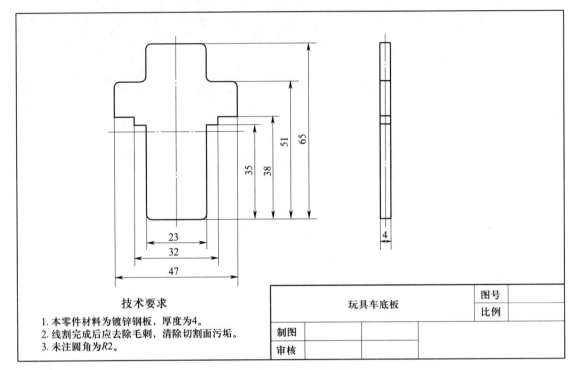

技术要求

1. 本零件材料为镀锌钢板，厚度为4。
2. 线割完成后应去除毛刺，清除切割面污垢。
3. 未注圆角为R2。

玩具车底板		图号	
		比例	
制图			
审核			

图 2-4-3　玩具车底板

7. 请用 ISO 代码（G 代码）编写如图 2-4-4 所示玩具车下盖板的加工程序，并画出切割路线。

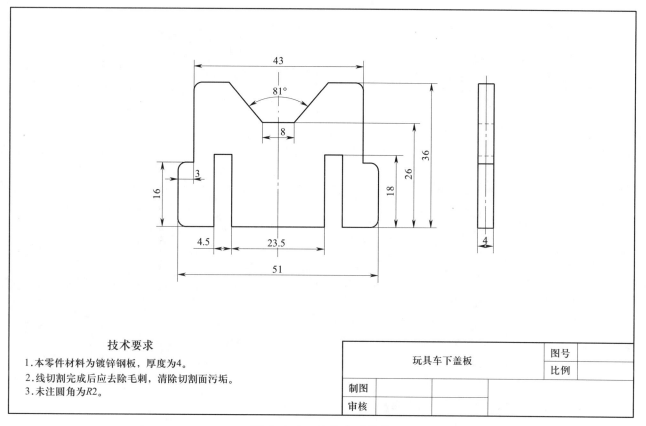

技术要求

1. 本零件材料为镀锌钢板，厚度为4。
2. 线切割完成后应去除毛刺，清除切割面污垢。
3. 未注圆角为R2。

玩具车下盖板			图号	
			比例	
制图				
审核				

图 2-4-4　玩具车下盖板

8．在操作线切割机床时，对操作者的基本要求有哪些？

9．操作线切割机床前的准备工作有哪些？

10．线切割机床加工过程中的具体操作规程有哪些？

11．线切割机床出现异常情况时应如何处理？

12．在切割中电极丝断丝后应如何处理？

13．写出玩具车零件的切割步骤。

14．做好加工前的各项准备工作，完成表 2-4-1 的填写。

表 2-4-1   加工前准备工作确认表

序号	检查内容	确认状态 （确认则画"√"）	备注
1	设备是否能正常启动、关停		
2	设备润滑是否正常		
3	设备切削液是否充足		
4	线切割机床储丝筒储丝是否超过一半		
5	切割部分钼丝是否校直		
6	线切割保护壳是否齐全完好		
7	工具是否准备齐全		
8	刀具是否准备齐全		
9	加工所需工艺装备、夹具是否准备齐全		
10	量具是否准备齐全		
11	加工材料是否检查确认无误		
12	操作者着装是否符合安全规范		

检查：   审核：   时间：

15．制定零件的加工工艺，完成表 2-4-2 的填写。

表 2-4-2　　　　　　　　　　　　　机械加工工艺过程卡

零件名称		零件图号		材料	
毛坯类型		毛坯尺寸		加工数量	
序号	工序名称	工序内容		工艺装备	工时
制定人：		品质主管：		项目经理：	

16．对实训场地进行"5S"管理，完成表 2-4-3 的填写。

表 2-4-3　　　　　　　　　　　　　实训场地"5S"自检表

检查人		检查时间	
项目	检查内容		是否合格
整理	现场是否有废料、杂物和设备工具等		
	设备、工作台是否有个人生活用品、垃圾		
	工具箱中的工具分类是否正确		
整顿	待加工品、成品是否按区摆放		
	工具、量具、刀具是否放在规定位置		
	文件资料、学习资料是否归位存放		
清扫	设备是否按要求清扫		
	工作场地是否按要求清扫		
	加工废屑是否放在指定位置		
	布置的卫生区域是否清扫		

续表

检查人		检查时间	
项目	检查内容		是否合格
清洁	垃圾是否分类清除		
	工作台是否清洁无垃圾		
	工具、量具是否清洁		
	个人工作服是否清洁		
素养	消防器材是否缺失		
	操作人员是否遵守安全操作规程		
	工作人员着装是否符合规范要求		
	下班前是否关电、关水、关门窗		
备注	1. 检查发现不合格处须及时纠正 2. 发现严重违规行为则项目组停工整顿 3. 由各项目组派人轮流进行检查 4. 以项目为被检查单位		

学习活动 5　玩具车外形产品检测

 学习目标

> 1. 能按照规定领取工作任务。
>
> 2. 能正确使用百分表和千分尺等量具。
>
> 建议学时：4 学时。

 学习过程

1．阅读生产任务单，明确工作任务。

2．成品最终检测。

按照表 2-5-1 检验玩具车外形所有零件是否合格。

表 2-5-1　　　　　　　　　　　　　玩具车外形零件检测表

零件名称		图号		加工负责人		
序号	检测项目 /mm	配分	自检	互检	用三坐标测量仪检测数值	得分
检测主管：			项目经理：		总得分：	

交检验人员验收合格后（以教师检测为准），填写生产任务单。

3．对实训场地进行"5S"管理，完成表 2-5-2 的填写。

表 2-5-2　　　　　　　　　　　实训场地"5S"自检表

整理	现场是否有废料、杂物和设备工具等	
	设备、工作台是否有个人生活用品、垃圾	
	工具箱中的工具分类是否正确	
整顿	待加工品、成品是否按区摆放	
	工具、量具、刀具是否放在规定位置	
	文件资料、学习资料是否归位存放	
清扫	设备是否按要求清扫	
	工作场地是否按要求清扫	
	加工废屑是否放在指定位置	
	布置的卫生区域是否清扫	
清洁	垃圾是否分类清除	
	工作台是否清洁无垃圾	
	工具、量具是否清洁	
	个人工作服是否清洁	
素养	消防器材是否缺失	
	操作人员是否遵守安全操作规程	
	工作人员着装是否符合规范要求	
	下班前是否关电、关水、关门窗	
备注	1．检查发现不合格处须及时纠正 2．发现严重违规行为则项目组停工整顿 3．由各项目组派人轮流进行检查 4．以项目为被检查单位	

4.本任务所用量具的日常维护保养包括哪些工作?

学习活动 6　成果展示与评价

学习目标

> 1. 能采用多种形式进行成果展示。
>
> 2. 能对工作过程进行客观评价。
>
> 3. 能规范撰写工作总结。
>
> 4. 能有效进行工作反馈与经验交流。
>
> 建议学时：6学时。

学习过程

1. 课前准备工作。

（1）项目小组利用课余时间进行总结，设计合理的形式进行展示，并布置好展示台。要求采用多种展示方式，如模具实物、海报、视频等。

（2）每个项目小组必须制作一个项目总结PPT，展示项目实施过程，模具产品，项目实施经验、教训、收获等方面的内容。

（3）项目组成员每人必须撰写一份工作总结，以文字和图片结合的形式编写。主要针对个人在项目实施过程中发挥的作用，组织实施的经验和教训，技术总结和收获。个人工作总结打印出来后需统一上交项目经理，项目经理审核过后交指导教师审核。

2. 项目展示。

（1）项目小组之间轮流参观，每个项目小组留一人讲解（15 min 左右）。

（2）项目集中展示，每个小组派一人讲解展示项目总结。其他组对展示小组的成果进行相应的评价，展示小组同时也接受其他组的提问，并做出回答。提问主要针对工艺、技术等方面。

3. 小组项目评价。

（1）小组自评（见表2-6-1）

表 2-6-1 小组自评表

评价内容	评价标准			
1. 本小组是否达到技术标准	合格	不良	返修	报废
2. 与其他小组相比，你认为本小组的安全操作方法如何	优	合理	一般	差
3. 在介绍成果时，本小组的表达是否清晰	良好	一般	差	
4. 本小组成员的基本操作方法是否正确	正确	部分正确	不正确	
5. 本小组演示操作时是否遵循了"5S"的工作要求	完全遵循工作要求	忽略部分要求	完全没有遵循	
6. 本小组成员的团队合作精神与创新精神如何	良好	一般	较差	
7. 总结这次任务本小组是否达到学习目标？对本小组的建议是什么				

小组长签名：　　　　　　　　　　　　　　　　　　　　　　　　　年　　月　　日

（2）小组互评（见表 2-6-2）

表 2-6-2 小组互评表

评价内容	评价标准			
1. 该小组操作方法是否符合技术标准	合格	不良	返修	报废
2. 与其他小组相比，你认为该小组的安全操作方法如何	优	合理	一般	差
3. 在介绍成果时，该小组的表达是否清晰	良好	一般	差	
4. 该小组演示基本操作的方法是否正确	正确	部分正确	不正确	
5. 该小组演示操作时是否遵循了"5S"的工作要求	完全遵循工作要求	忽略部分要求	完全没有遵循	
6. 该小组的成员团队合作精神与创新精神如何	良好	一般	较差	
7. 总结这次任务该小组是否达到学习目标？对该小组的建议是什么				

小组长签名：　　　　　　　　　　　　　　　　　　　　　　　　　年　　月　　日

（3）小组项目总体评价（见表 2-6-3）

表 2-6-3　　　　　　　　　　　　　　小组项目总体评价表

评价内容	配分	得分	签名
小组自评（10%）	10		
小组互评（20%）	20		
教师评价（70%）	70		
教师对小组总体评价			
总分			

任课教师签名：　　　　　　　　　　　　　　　　　　　　　　　年　　月　　日

4．项目实施个人总体评价。

（1）自我评价（见表 2-6-4）

表 2-6-4　　　　　　　　　　　　　　自我评价表

评价内容	评价标准	努力方向或者建议
1．你负责的任务完成情况是否正常	正常　□ 不正常　□ 基本正常　□	
2．你觉得自己在小组中发挥的作用是什么	主导作用　□ 配合作用　□ 旁观者作用　□	
3．你对这个学习任务的学习是否满意	很好　□ 一般　□ 不太满意　□	
4．完成本次任务后，你学会使用哪些资源来查找相关资料	教材　□　　教师　□ 手册　□　　计算机　□ 其他　□ （可多项选择）	
5．通过完成本任务，你对本项目内容有一个初步的认识吗？哪些方面还有待进一步改善	完全掌握　□ 大部分能够掌握　□ 有一点点掌握　□ 没有　□	
6．完成工作页的质量	独立完成　□ 别人帮助　□	
7．在完成本任务的过程中你是否遇到过困难？遇到过哪些困难？你是怎样解决的		

本人签名：　　　　　　　　　　　　　　　　　　　　　　　　　年　　月　　日

（2）个人总体评价（见表2-6-5）

表2-6-5　　　　　　　　　　　　　个人总体评价表

评价内容	项目	配分	自我评价	小组评价	教师评价	综合评价
专业能力	机床保养	20				
	基本操作	15				
	安全文明生产	15				
社会能力	出勤、纪律、态度	8				
	讨论、互动、协作精神	10				
	表达、会话	8				
方法能力	学习能力、收集和处理信息能力、创新精神	24				
合计						

教师签名：　　　　　　　　　　　　　　　　　　　　　年　　月　　日

世赛知识

第 42 至第 45 届世界技能大赛塑料模具工程项目有关内容见表 2-6-6。

表 2-6-6　　　　第 42 至第 45 届世界技能大赛塑料模具工程项目的有关内容

	42 届	43 届	44 届	45 届
竞赛内容	模具制造模块（含数控加工、装配与抛光模、产品成形 3 个子模块）	产品建模模块、模具设计模块、模具制造模块（含数控加工、装配与抛光模、产品成形 3 个子模块）	产品建模模块、模具设计模块、模具制造模块（含数控加工、装配与抛光模、产品成形 3 个子模块）	模具设计模块、模具制造模块（含数控加工、装配与抛光模、产品成形 3 个子模块）
竞赛时间	18 h	18 h	18 h	18 h
竞赛图样数量	2 张产品图	3 张产品图	3 张产品图	2 张产品图
制造模具数量	2 套快换式模具	1 套快换式模具	1 套快换式模具	1 套快换式模具
建模数量	2 个产品建模	3 个产品建模	3 个产品建模	2 个产品建模
完整模具设计数量	需要模具设计，但是不评分	1 套模具设计（模具3D 结构设计、模具装配图设计、主要模具零件图设计）	1 套模具设计（模具3D 结构设计、模具装配图设计、主要模具零件图设计）	1 套模具设计（模具3D 结构设计、模具装配图设计、主要模具零件图设计）
模具设计结构		两板模结构	两板模结构	两板模结构（含侧分型结构）
出题方式	征题	征题	征题	盲题 / 制造征题
评价对象	模具和产品	建模、模具设计、模具、产品	建模、模具设计、模具、产品	模具设计、模具、产品

学习任务三　异形垫片级进模制作

 **学习目标**

1. 能借助相关设备手册，查阅所使用线切割设备的加工参数和加工精度，保证操作安全规范，并落实在项目实施的过程中。

2. 能通过教师讲解、查阅相关资料、项目团队成员之间的讨论等方式读懂模具装配图，认识模具的结构组成和工作方法，明确列出模具制造重点和难点。

3. 能综合分析项目实施需具备的设备、工具、量具，项目完成的时间要求，项目团队成员的综合能力，制订合理的、可实施的项目计划。

4. 项目团队能根据项目要求制定工艺安排，并规划实施过程中必需的工具、量具、夹具、刀具等工艺装备，完成分工安排。

5. 能识读模具零件的轴测图和三视图，表述出零件的形状、尺寸、表面粗糙度、公差等信息，并掌握各信息的含义。

6. 能根据零件图制定加工工艺，并依据所制定的工艺完成模具零件的加工。

7. 能根据模具零件图样的要求，检验模具零件的制造精度，判断模具零件是否达到图样要求，并能制定不合格零件的补救措施。

8. 安全规范制造过程，在项目实施过程中保持场地达到"5S"标准。

建议学时

66学时。

工作情景描述

如图3-1所示，实训工厂接到一个异形垫片模具的制造任务，模具设计已经完成，需要制造团队完成模具制造，并试模冲压出样品交付。

异形垫片零件图如图3-2所示。

异形垫片级进模装配图如图3-3所示。

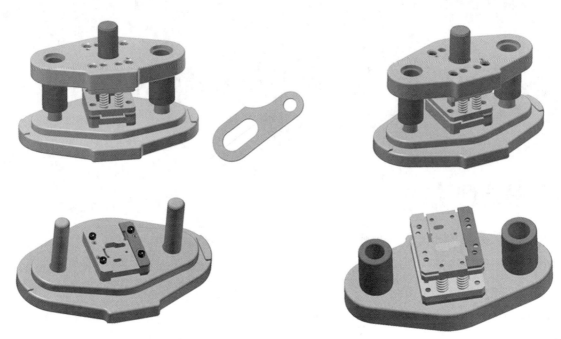

图 3-1　异形垫片冲压模产品

上模座板零件图如图 3-4 所示。

凸模垫板零件图如图 3-5 所示。

凸模固定板零件图如图 3-6 所示。

弹性卸料板零件图如图 3-7 所示。

冲孔凸模（1）零件图如图 3-8 所示。

冲孔凸模（2）零件图如图 3-9 所示。

侧刃零件图如图 3-10 所示。

导料板零件图如图 3-11 所示。

凹模板零件图如图 3-12 所示。

侧刃零件图如图 3-13 所示。

凹模垫板零件图如图 3-14 所示。

下模座板零件图如图 3-15 所示。

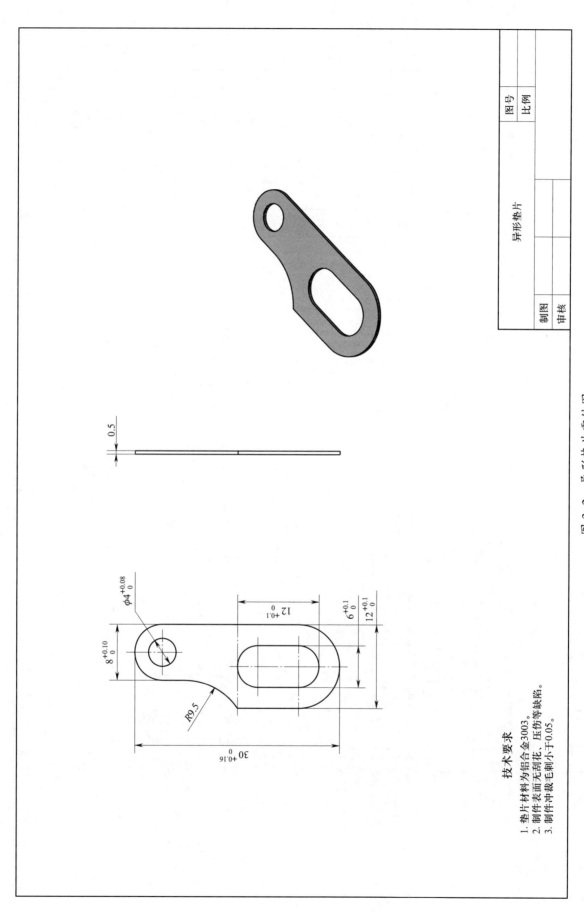

技术要求
1. 垫片材料为铝合金3003。
2. 制件表面无刮花、压伤等缺陷。
3. 制件冲裁毛刺小于0.05。

图 3-2 异形垫片零件图

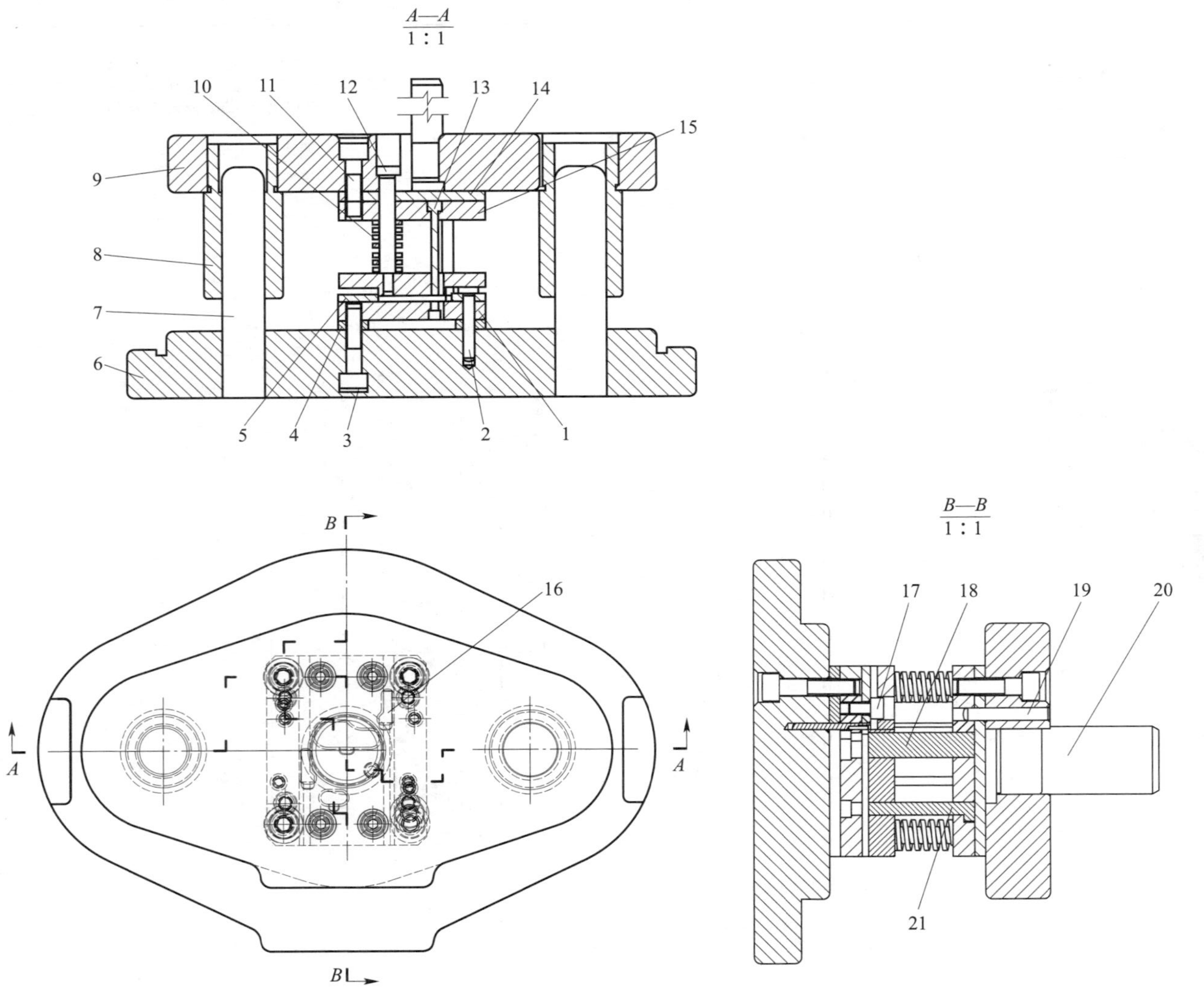

项目	名称	数量	材料	标准
21	冲孔凸模（2）	1	Cr12	58HRC
20	模柄	1	45	
19	定位销	2	T7	58HRC
18	落料凸模	1	Cr12	58HRC
17	内六角螺钉	4		
16	侧刃	1	Cr12	58HRC
15	凸模固定板	1	45	
14	上模垫板	1	45	
13	冲孔凸模（1）	1	Cr12	58HRC
12	等高螺钉	4		
11	内六角螺钉	4		
10	弹簧	4	65Mn	
9	上模座板	1	HT200	
8	导套	4	T10A	
7	导柱	4	T10A	
6	下模座板	1	HT200	
5	导料板	2	45	
4	凹模垫板	2	45	
3	内六角螺钉	4		M8
2	定位销	14	T7	
1	凹模	1	Cr12	60HRC

异形垫片级进模

制图　　　　　　图号　　　比例
审核

图 3-3　异形垫片级进模装配图

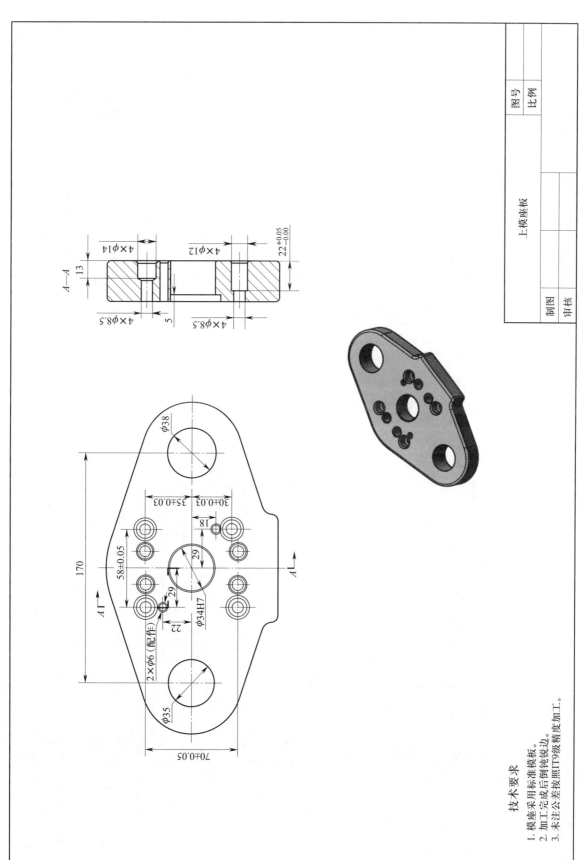

图 3-4　上模座板零件图

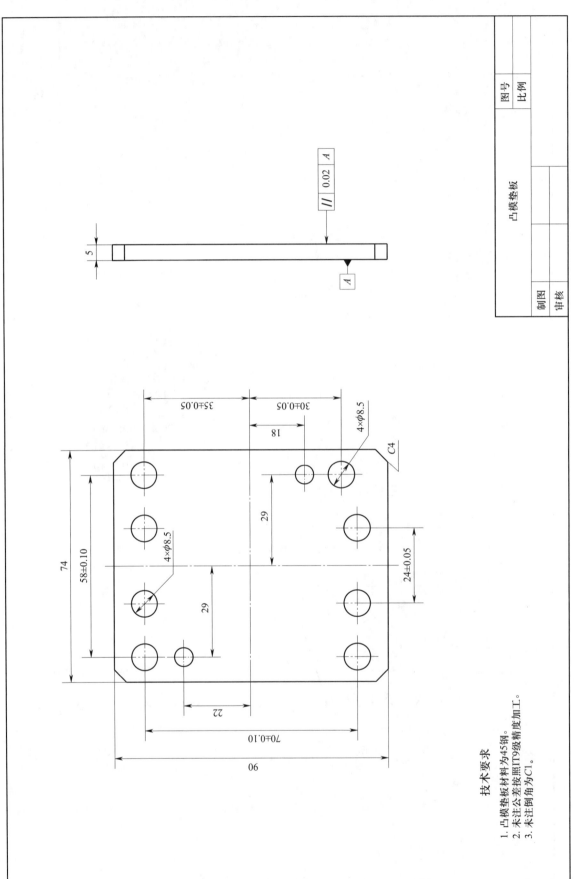

技术要求
1. 凸模垫板材料为45钢。
2. 未注公差按照IT9级精度加工。
3. 未注倒角为C1。

图 3-5 凸模垫板零件图

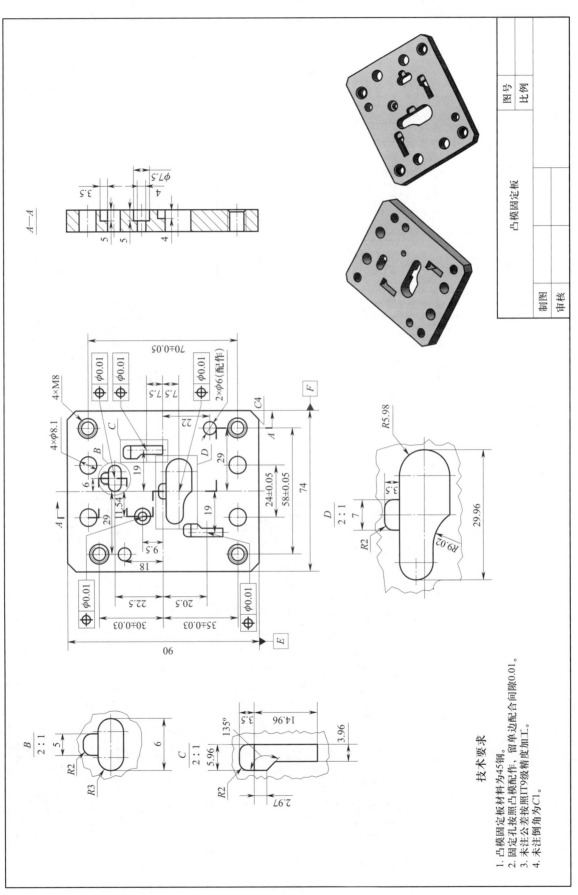

图3-6　凸模固定板零件图

技术要求
1. 凸模固定板材料为45钢。
2. 固定孔按照凸模配作，留单边配合间隙0.01。
3. 未注公差按照IT9级精度加工。
4. 未注倒角为C1。

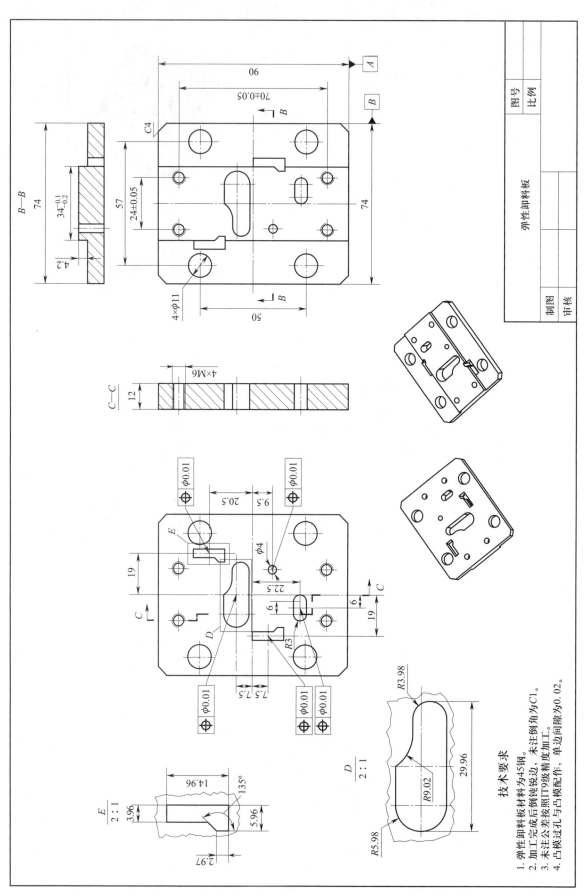

技术要求

1. 弹性卸料板材料为45钢。
2. 加工完成后成后钝锐边，未注倒角为C1。
3. 未注公差按照IT9级精度加工。
4. 凸模过孔与凸模配作，单边间隙为0.02。

图 3-7　弹性卸料板零件图

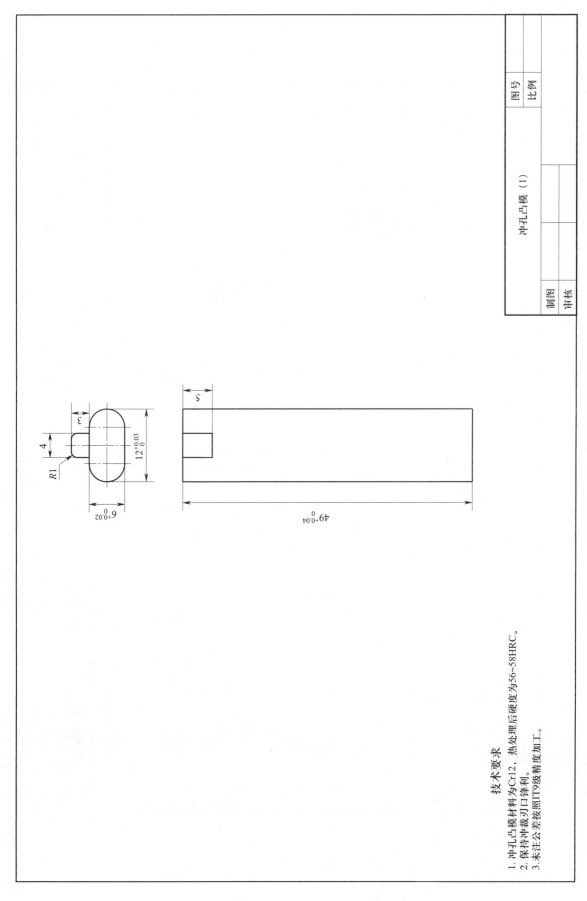

图 3-8　冲孔凸模（1）零件图

技术要求

1. 冲孔凸模材料为Cr12，热处理后硬度为56~58HRC。
2. 保持冲裁刃口锋利。
3. 未注公差按照IT9级精度加工。

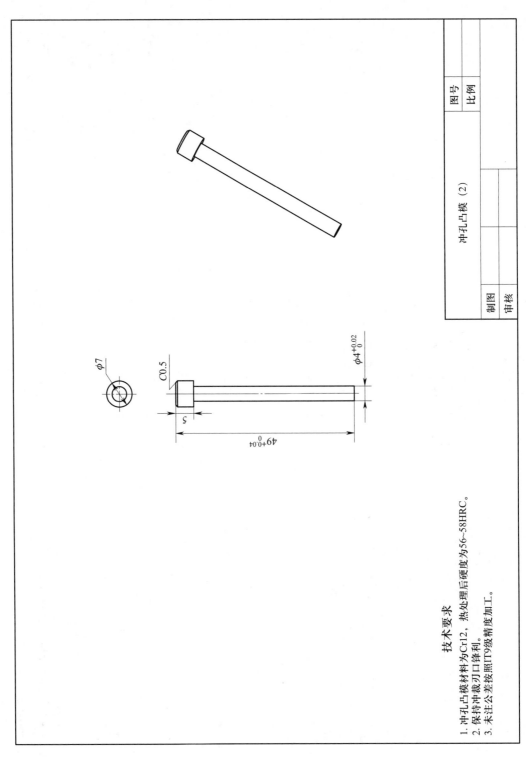

技术要求
1. 冲孔凸模材料为Cr12，热处理后硬度为56~58HRC。
2. 保持冲裁刃口锋利。
3. 未注公差按照IT9级精度加工。

图 3-9　冲孔凸模（2）零件图

图号
比例

冲孔凸模（2）

制图
审核

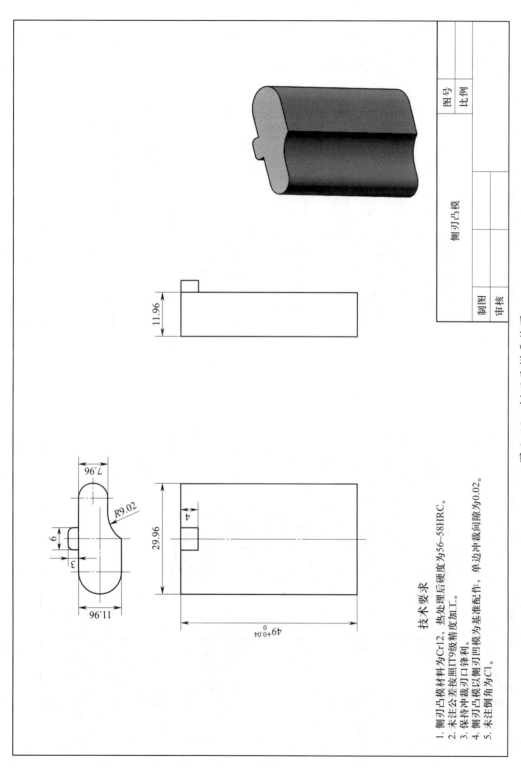

技术要求
1. 侧刃凸模材料为Cr12，热处理后硬度为56~58HRC。
2. 未注公差按照IT9级精度加工。
3. 保持冲裁刃口锋利。
4. 侧刃凸模以侧刃凹模为基准配作，单边冲裁间隙为0.02。
5. 未注倒角为C1。

图 3-10 侧刃凸模零件图

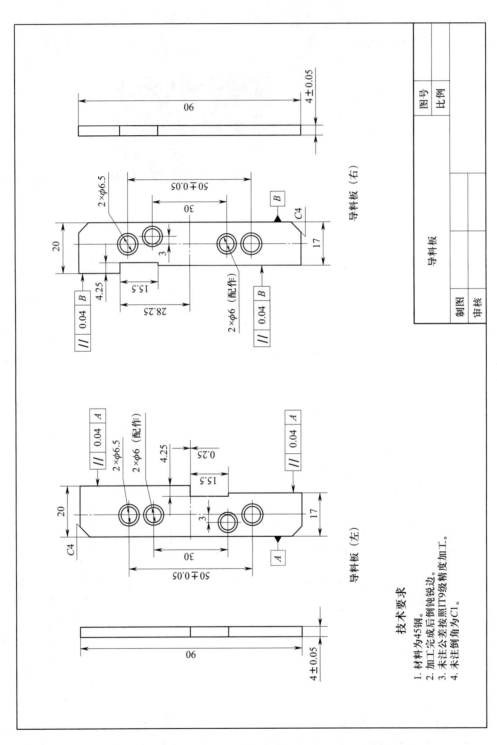

图 3-11　导料板零件图

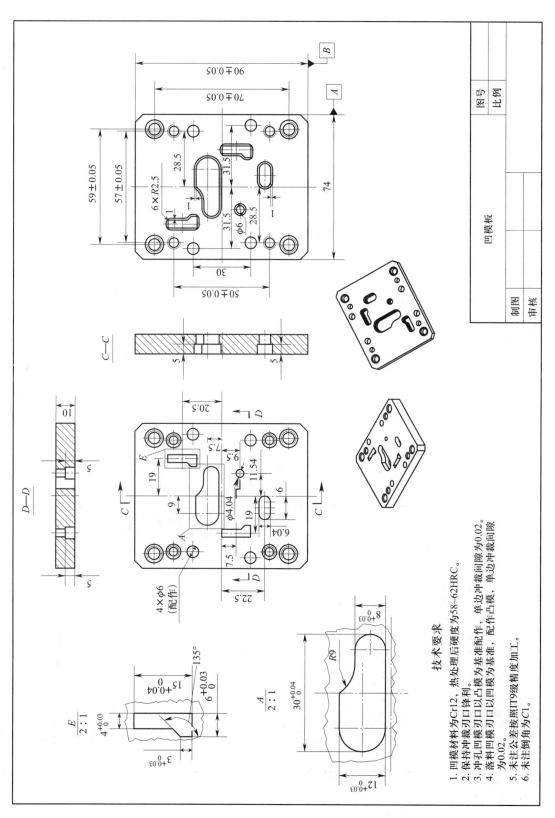

图 3-12　凹模板零件图

技术要求

1. 凹模材料为Cr12，热处理后硬度为58~62HRC。
2. 保持冲裁刃口锋利。
3. 冲孔凹模刃口以凸模为基准配作，单边冲裁间隙为0.02。
4. 落料凹模刃口以凹模为基准，配作凸模，单边冲裁间隙为0.02。
5. 未注公差按照IT9级精度加工。
6. 未注倒角为C1。

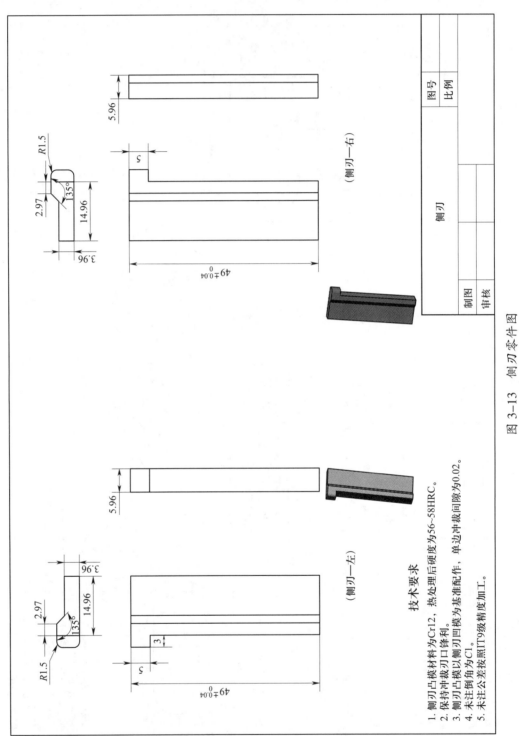

图 3-13　侧刃零件图

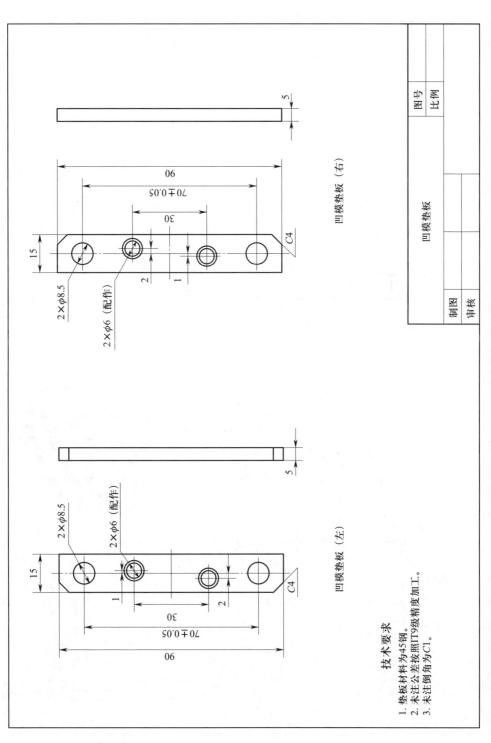

技术要求
1. 垫板材料为45钢。
2. 未注公差按照IT9级精度加工。
3. 未注倒角为C1。

凹模板（左）

凹模垫板

凹模板（右）

凹模垫板

制图			图号	
审核			比例	

图 3-14 凹模垫板零件图

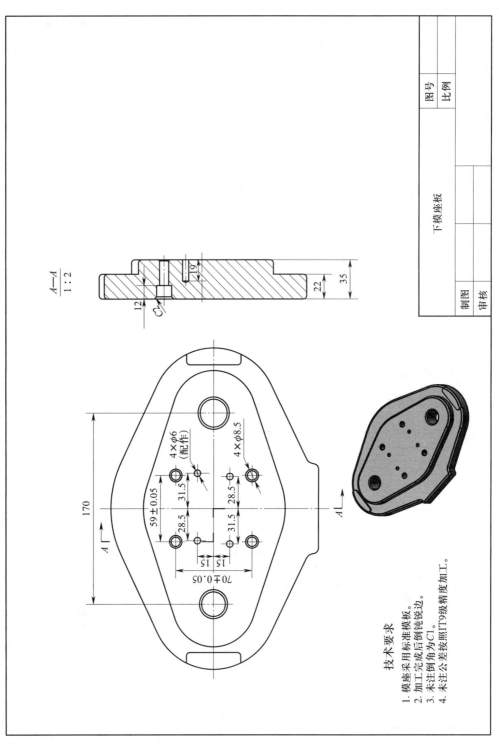

技术要求
1. 模座采用标准模板。
2. 加工完成后倒钝锐边。
3. 未注倒角为C1。
4. 未注公差按照IT9级精度加工。

图 3-15 下模座板零件图

本项目采用团队方式完成，每个团队 4~6 人。设项目经理 1 人，负责整个项目的计划和实施。设品质主管 1 人，在项目经理的领导下主要负责制造过程中精度和质量的管控。

本项目的实施要求学生在具备一定的普通机床加工、数控加工能力，具备一定五金模具结构和工艺知识基础上，结合电火花线切割技能，综合运用多方面的技能完成本项目的工作。

工作流程与活动

学习活动 1　项目任务接受与分析（6 学时）

学习活动 2　异形垫片级进模凹模制作（10 学时）

学习活动 3　异形垫片级进模凸模制作（10 学时）

学习活动 4　异形垫片级进模模板类零件制作（18 学时）

学习活动 5　异形垫片级进模其他零件制作（14 学时）

学习活动 6　异形垫片级进模装配与调试（6 学时）

学习活动 7　成果展示与评价（2 学时）

项目实施建议

1．本项目实施材料为提前定制的精料，学生在精料的基础上直接进行加工。如果采用毛坯料则需要提前准备零件的毛坯料，或增加毛坯准备的时间。

2．部分零件材料需要热处理，建议采用电炉统一加热处理，如果条件不具备则可以省略此工艺步骤。

3．模具装配和调试任务非本课程重点内容，因时间有限，需在教师指导下或冲压技术员的协助下完成模具的装配和冲压试模。

4．本项目以线切割加工为主，但是还需其他设备辅助才能完成项目实施。各实施院校资源各不相同，因此本项目任务的实施规划仅作为教学实施参考。指导教师可以在本校资源的基础上对项目的实施进行调整。教学资源充足则模具零件加工可以同步开展，提高教学效率，也更接近实际模具生产流程。

学习活动1 项目任务接受与分析

 **学习目标**

> 1. 能通过识读冲压产品零件图，表述产品形状和精度要求。能查阅相关资料，收集冲压材料的特性和冲裁间隙的要求。
>
> 2. 能通过教师讲解、查阅相关资料、项目团队成员之间的讨论等方式读懂模具装配图，认识模具的结构组成和工作方法，明确列出模具制造重点和难点。
>
> 3. 能综合分析项目实施需具备的设备、工具、量具，项目完成的时间要求，项目团队成员的综合能力，制订合理的、可实施的项目计划。
>
> 4. 项目团队能根据项目要求制定工艺安排，并规划和领取实施过程中必需的工具、量具、夹具、刀具等工艺装备，完成分工安排。
>
> 建议学时：6学时。

 学习活动流程

子活动1 项目任务分析（3学时）
子活动2 项目计划执行（3学时）

子活动1　项目任务分析

学习目标

1. 能按照规定领取工作任务。

2. 能识读冲压产品零件图，表述产品形状和精度要求。能查阅相关资料，收集冲压材料的特性和冲裁间隙要求。

3. 能通过教师讲解、查阅相关资料、项目团队成员之间的讨论等方式读懂模具装配图，认识模具的结构组成和工作方法，明确列出模具制造重点和难点。

4. 能通过识读模具零件图，确定基本零件加工所需的设备、刀具、量具等。

建议学时：3学时。

学习过程

1．分析异形垫片级进模相关图样，完成表3-1-1的填写。

表3-1-1　　　　　　　　　　　异形垫片级进模生产任务单

单　　号：_____　　　开单时间：_____年_____月_____日_____时

开单部门：_____　　　开　单　人：_____

接单人：_____部_____组　　　签　　名：_____

以下由开单人填写				
序号	产品名称	材料	数量	技术标准、质量要求
任务细则	1. 到仓库领取相应的材料 2. 根据现场情况选用合适的工具、量具和设备 3. 根据加工工艺进行加工，交付检验 4. 填写生产任务单，清理工作场地，完成工具、量具、设备的维护保养			

续表

任务类型		完成工时	
以下由开单人和接单人填写			
领取材料		仓库管理员（签名）	
领取工具、量具		年　月　日	
完成质量（小组评价）		班组长（签名）	
		年　月　日	
用户意见（教师评价）		用户（签名）	
		年　月　日	
改进措施（反馈改良）			

2．请根据生产任务单，明确完成该项目的时间和要求。

模具名称：_____ ；　　冲裁制件名称：_____ ；

制件材料：_____ ；　　需要加工模具零件数量：_____ ；

模具完成时间：_____ 。

3．分析异形垫片制件图，完成下列题目。

（1）该垫片采用_____材料，材料厚度为_____，产量为_____。

（2）查询相关资料，该型号铝合金（3003）材料有什么特性（密度、硬度、强度等）？

这种铝合金材料一般以何种形式出现，请在图3-1-16中勾选，并阐述原因。

（　　）　　　　（　　）　　　　（　　）　　　　（　　）　　　　（　　）

图3-1-16　铝合金材料

（3）请将异形垫片的主要尺寸和公差要求填写在下面的表 3-1-2 中。

表 3-1-2　　　　　　　　　　　　　异形垫片的主要尺寸和公差要求

序号	项目与技术要求	公差等级或偏差范围
1		
2		
3		
4		
5		
6		
7		
8		
9		
10		
11		
12		

4．识读模具装配图，完成以下信息的确认。

（1）该冲裁模具采用＿＿＿＿＿＿＿＿＿＿步完成制件的冲裁工作，其冲裁步距是＿＿＿＿＿ mm，采用的料带宽度是＿＿＿＿＿ mm。

（2）该冲裁模具采用的标准模架型号是＿＿＿＿＿＿＿＿＿＿＿＿＿＿，该模架属于＿＿＿＿＿＿＿式模架。

（3）该冲裁模具的定距方式是＿＿＿＿＿＿＿＿＿＿＿＿＿＿＿＿＿＿＿。

（4）该冲裁模具的卸料方式是＿＿＿＿＿＿＿＿＿＿＿＿＿＿＿＿。

（5）分析模具结构后，结合图 3-1-17 阐述该模具的冲裁动作过程。

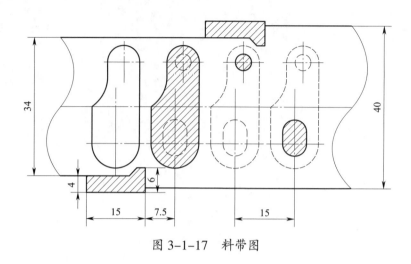

图 3-1-17 料带图

5．识读零件图，根据零件图完成以下信息分析。每位项目成员至少完成 3 个以上零件的信息分析，完成表 3-1-3 的填写。

表 3-1-3 零件的信息分析

零件名称		基本尺寸		热处理要求
材料		数量		
预计使用设备				
预计使用刀具				
预计使用夹具				
预计使用量具				
其他注意事项				

子活动 2　项目计划执行

学习目标

1. 能综合分析项目实施需具备的设备、工具、量具，项目完成时间的要求，项目团队成员的综合能力，制订合理的、可实施的项目计划。

2. 项目团队能根据项目要求制定工艺安排，并规划和领取实施过程中必需的工具、量具、夹具、刀具等工艺装备，完成分工安排。

建议学时：3学时。

学习过程

1. 通过小组讨论，在团队合作的基础上明确成员分工，填写表 3-1-4。

表 3-1-4　　　　　　　　　　　　　　成员分工

序号	工作	主要责任人	协助人员
1	项目总负责		
2	质量主管		
3	模具装配负责人		
4	上模座加工		
5	下模座加工		
6	凸模垫板加工		
7	凸模固定板加工		
8	凸模加工		
9	侧刃加工		
10	弹性卸料板加工		

序号	工作	主要责任人	协助人员
11	导料板加工		
12	凹模板加工		
13	凹模垫板加工		

2．项目小组统计完成本次模具制造任务需要的刀具、量具、工具、夹具、设备等资源，并统一填写在表 3-1-5 中，作为申请领取物资的依据。

表 3-1-5　　　　　　　　刀具、量具、工具、夹具、设备清单

项目	序号	名称	规格型号	数量	备注
刀具					
量具					
工具、夹具					
设备					

3. 根据项目团队制定各项资源清单，小组分工合作完成以下工作。

（1）填写工具、量具清单，去仓库领取必备的工具、量具、刀具、夹具。

（2）领取模架、材料、标准件等。

（3）检查项目小组分配的设备是否能够满足生产，并清洁设备。

（4）按照"5S"要求整理实训场地，完成表 3-1-6 的填写。

表 3-1-6　　　　　　　　　　　　　　实训场地"5S"自检表

检查人		检查时间	
项目	检查内容		是否合格
整理	现场是否有废料、杂物和设备工具等		
	设备、工作台是否有个人生活用品、垃圾		
	工具箱中的工具分类是否正确		
整顿	待加工品、成品是否按区摆放		
	工具、量具、刀具是否放在规定位置		
	文件资料、学习资料是否归位存放		
清扫	设备是否按要求清扫		
	工作场地是否按要求清扫		
	加工废屑是否放在指定位置		
	布置的卫生区域是否清扫		
清洁	垃圾是否分类清除		
	工作台是否清洁无垃圾		
	工具、量具是否清洁		
	个人工作服是否清洁		
素养	消防器材是否缺失		
	操作人员是否遵守安全操作规程		
	工作人员着装是否符合规范要求		
	下班前是否关电、关水、关门窗		
备注	1. 检查发现不合格处须及时纠正 2. 发现严重违规行为则项目组停工整顿 3. 由各项目组派人轮流进行检查 4. 以项目为被检查单位		

学习活动 2 异形垫片级进模凹模制作

学习目标

1. 能识读零件图样，表述凹模形状精度要求和其他技术要求。

2. 能查阅相关资料，掌握凹模材料的基本特性及热处理工艺。

3. 能根据现有条件制定合理的凹模板加工工艺。

4. 能安全规范操作机械加工设备，选定合理加工参数完成凹模板的加工。

5. 能根据图样要求，完成零件的精度检测（或在检测室的辅助下完成精度检测），判断零件是否合格。

6. 工作过程符合"5S"要求。

建议学时：10 学时。

学习活动流程

子活动 1 凹模加工工艺分析与加工准备（2 学时）

子活动 2 凹模加工（7 学时）

子活动 3 凹模零件检测（1 学时）

子活动 1　凹模加工工艺分析与加工准备

学习目标

1. 识读零件图样，能表述凹模形状精度要求和其他技术要求。

2. 能查阅相关资料，掌握凹模材料的基本特性及热处理工艺。

3. 能根据现有条件制定合理的凹模整体加工工艺。

4. 能根据现有线切割设备制定合理的线切割加工工艺和参数。

建议学时：2 学时。

学习过程

凹模板零件图如图 3-2-1 所示。

1. 在加工凹模过程中需重点保证哪些尺寸的精度？

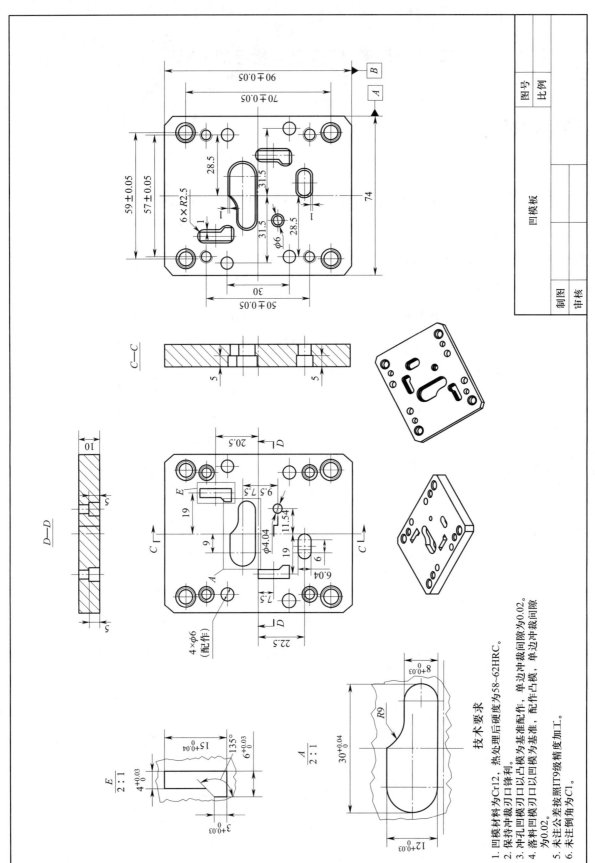

图 3-2-1　凹模板零件图

技术要求
1. 凹模材料为Cr12，热处理后硬度为58~62HRC。
2. 保持冲裁刃口锋利。
3. 冲孔凹模刃口以凸模为基准配作，单边冲裁间隙为0.02。
4. 落料凹模刃口以凸模为基准，配作凸模，配作凹模，单边冲裁间隙为0.02。
5. 未注公差按照IT9级精度加工。
6. 未注倒角为C1。

2．凹模加工需要使用到哪些设备和辅助工具、量具？

3．确认以下信息，并且根据实际情况制定后续工艺。

（1）确认现有的凹模板料是毛坯料还是精料。

（2）确认是否具备热处理的条件。

4．请在制定凹模板机械加工工艺卡前回答以下问题。

（1）该零件要求淬火至 58 ～ 62HRC 的硬度，应该将淬火工艺安排在哪一步？

（2）该零件中精度要求最高的是凹模刃口（见图 3-2-2），应采用何种加工方法来保证尺寸精度和定位精度？

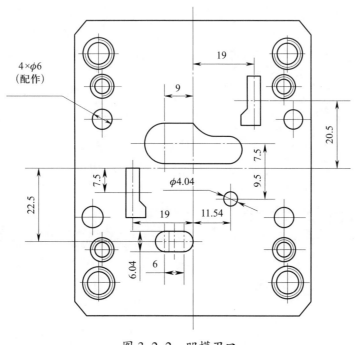

图 3-2-2　凹模刃口

（3）如果凹模刃口尺寸采用线切割加工，切除凹模刃口中的多余材料后，凹模刃口会产生变形，应该如何防止或者消除这种变形造成的尺寸误差？如何设置加工参数？

（4）如果需要热处理，请分析 4 个 $\phi 6\,mm$ 的销钉孔应怎么配作？

（5）在加工过程中应该如何检测加工精度？采用哪些量具？

（6）请写出加工该零件的加工工艺过程。

5. 制定零件的加工工艺，填写到机械加工工艺过程卡中，并经负责人审核签名，见表 3-2-1。

表 3-2-1 机械加工工艺过程卡

零件名称		零件图号		材料	
毛坯类型		毛坯尺寸		加工数量	
序号	工序名称	工序内容		工艺装备	工时
制定人：		品质主管：		项目经理：	

子活动 2 凹 模 加 工

学习目标

1. 能够按照机械加工工艺过程卡的要求，做好加工前的准备工作。

2. 能够利用所学的技能完成零件所需的机床加工。

3. 能够在加工中不断改进线切割加工工艺，并正确设置加工参数。

4. 能够在加工中进行精度检测，发现加工问题，调整加工工艺，达到零件的技术要求。

建议学时：7 学时。

学习过程

1．做好加工前各项准备工作，见表 3-2-2。

表 3-2-2 加工前准备工作确认表

序号	检查内容	确认状态 （确认则画"√"）	备注
1	设备是否能正常启动、关停		
2	设备润滑是否正常		
3	设备切削液是否充足		
4	线切割机床储丝筒储丝是否超过一半		
5	切割部分钼丝是否校直		
6	线切割保护壳是否齐全完好		
7	工具是否准备齐全		
8	刀具是否准备齐全		
9	加工所需工艺装备、夹具是否准备齐全		
10	量具是否准备齐全		
11	加工材料是否检查确认无误		
12	操作者着装是否符合安全规范		

检查： 审核： 时间：

2．安全注意事项。

（1）工作时应穿工作服、戴袖套。女同学应戴工作帽，将长发塞入帽子里。夏季禁止穿裙子、短裤和凉鞋上机操作。

（2）为防切屑崩碎飞散，对于有防护外罩的封闭型数控铣床必须关闭防护门。对于开放式机床必须戴防护眼镜。工作时，头不能离工件加工区域太近，以防切屑伤人。

（3）工作时，必须集中精力，注意手、身体和衣服不能靠近正在旋转的机件，如铣床主轴、储丝筒、工件、磨床的砂轮等。

（4）工件和刀具必须装夹牢固，防止飞出伤人。

（5）使用线切割机床要防止触电，禁止两个人同时操作机床。

（6）机床停止前，不能进行上机检测。

（7）不要随意拆装电气设备，以免发生触电事故。

（8）工作中若发现机床、电气设备有故障，要及时上报，由专业人员检修，未修复不得使用。

3．线切割加工注意事项。

（1）线切割加工前必须校正电极丝的垂直度，绷紧电极丝。

（2）加工工件如果在电火花线切割前进行了铣削、磨削、热处理等工序，工件应该先进行消磁处理。

（3）工件装夹可靠，在切割中应该防止工件移动导致加工尺寸错误。

（4）如果加工过程中发生了电极丝断裂，一定要谨慎处理，重新确定补救方案，防止在二次加工中工件尺寸错误。

4．清理现场、归置物品。

良好的工作习惯是在工作过程中有意识地养成的，这一点对于一名具有良好职业素质的高技能人才而言尤其重要。在每一天的学习实训工作结束后请对照表3-2-3，确认现场工作符合"5S"的管理规范。

表 3-2-3 　　　　　　　　　　　　　实训场地"5S"自检表

检查人		检查时间	
项目	检查内容		是否合格
整理	现场是否有废料、杂物和设备工具等		
	设备、工作台是否有个人生活用品、垃圾		
	工具箱中的工具分类是否正确		
整顿	待加工品、成品是否按区摆放		
	工具、量具、刀具是否放在规定位置		
	文件资料、学习资料是否归位存放		
清扫	设备是否按要求清扫		
	工作场地是否按要求清扫		
	加工废屑是否放在指定位置		
	布置的卫生区域是否清扫		
清洁	垃圾是否分类清除		
	工作台是否清洁无垃圾		
	工具、量具是否清洁		
	个人工作服是否清洁		
素养	消防器材是否缺失		
	操作人员是否遵守安全操作规程		
	工作人员着装是否符合规范要求		
	下班前是否关电、关水、关门窗		
备注	1．检查发现不合格处须及时纠正 2．发现严重违规行为则项目组停工整顿 3．由各项目组派人轮流进行检查 4．以项目为被检查单位		

子活动 3 凹模零件检测

学习目标

1. 能够根据零件图样，选择合适量具对零件进行检测。

2. 能够根据检测结果判断零件是否合格。

3. 能够针对零件不合格部分提出解决方案，并制造出合格零件。

4. 能够对任务进行总结，为后续任务实施提供更好的参考。

建议学时：1 学时。

学习过程

工件加工完成，依据检测表，选用合适的量具进行检测，如果常规量具不能检测，则可以使用三坐标测量仪等检测设备辅助检测。

1．工件检测前的准备工作。

（1）清洗零件，线切割加工的切割面残余残渣黏附紧密，可以选用煤油或电火花油进行清洗。

（2）清洗完成后采用整形锉或油石清除加工毛刺，但是凹模刃口部分一定要防止刃口损伤。

（3）选用合适的检测工具，检测前自检量具是否正常。

（4）讨论正确的检测方式和检测基准。

2．质量检测。

如图 3-2-3 所示为凹模零件检测图。因为模具精度要求高，部分尺寸常规检测量具比较难检测，建议有检测实验室的使用大型检测设备支持检测。如果有三坐标测量仪等大型检测设备支持，则检测结果以大型检测设备结果为最终结果。如果没有大型检测设备，则以品质主管检测为最终结果。在公差内则得分，超过公差则不得分。考虑到项目实施时间的原因，本次检测仅针对部分重要尺寸，如果有条件建议尺寸全检，指导教师可以另行重新设计检测表发给项目团队。

检测工作完成后，将检测结果填写至表 3-2-4。

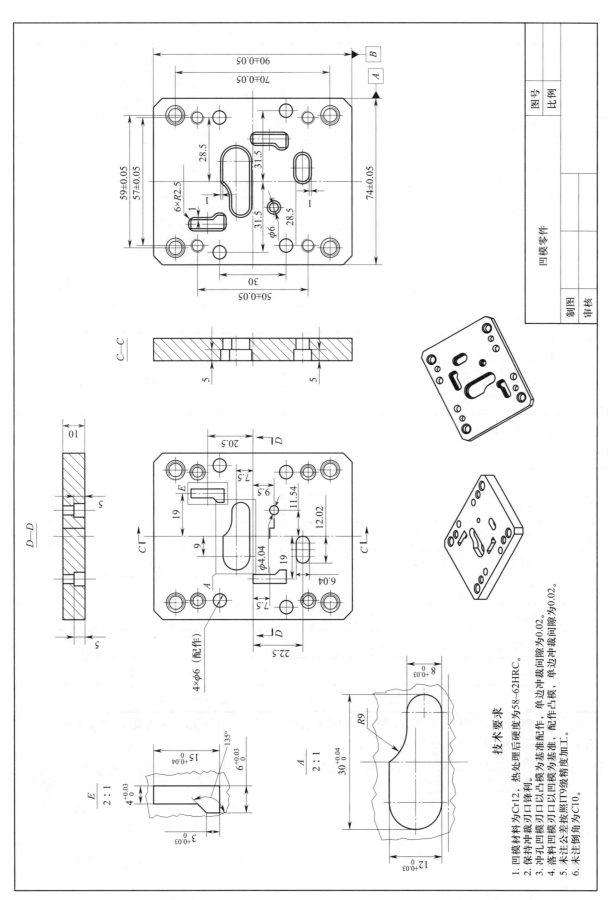

图 3-2-3 凹模零件检测图

技术要求

1. 凹模材料为Cr12，热处理后硬度为58~62HRC。
2. 保持冲裁刃口锋利。
3. 冲孔凹模刃口以凸模为基准配作，单边冲裁间隙为0.02。
4. 落料凹模刃口以凹模为基准，配作凸模，单边冲裁间隙为0.02。
5. 未注公差按照IT9级精度加工。
6. 未注倒角为C10。

表 3-2-4 模具零件质量检测表

零件名称		图号		加工负责人		
序号	检测项目/mm	配分	自检	互检	用三坐标测量仪检测数值	得分
1	$30^{+0.04}_{0}$	5				
2	$12^{+0.03}_{0}$	5				
3	$8^{+0.03}_{0}$	5				
4	$6^{+0.03}_{0}$	5				
	$6^{+0.03}_{0}$	5				
5	$3^{+0.03}_{0}$	5				
	$3^{+0.03}_{0}$	5				
6	$15^{+0.04}_{0}$	5				
	$15^{+0.04}_{0}$	5				
7	$4^{+0.03}_{0}$	5				
	$4^{+0.03}_{0}$	5				
8	22.5 （　　）	5				
9	7.5 （　　）	5				
10	6.04 （　　）	5				
11	19 （　　）	5				
	19 （　　）	5				
12	9.5 （　　）	4				
13	7.5 （　　）	4				
14	20.5 （　　）	4				
15	12.02 （　　）	4				
16	11.54 （　　）	4				

检测主管：　　　　　　　　项目经理：　　　　　　　　总得分：

备注：对于检测项目中无公差的尺寸，在检测时应根据图样技术要求规定，自行查询公差等级表，确定公差值，并按对称公差形式标注在表中基本尺寸的括号中。

学习活动 3　异形垫片级进模凸模制作

学习目标

1. 识读凸模零件图样，能表述凸模形状精度要求和其他技术要求。

2. 根据冲压模具的相关设计原理，能区分不同凸模的制造基准。

3. 能根据现有条件制定合理的凸模加工工艺。

4. 能安全规范操作机械加工设备，选定合理加工参数完成凸模的加工。

5. 能根据图样要求，完成零件的精度检测（或在检测室的辅助下完成精度检测），判断零件是否合格。

6. 工作过程符合"5S"要求。

建议学时：10 学时。

学习活动流程

子活动 1　凸模加工工艺分析与加工准备（2 学时）

子活动 2　凸模加工（7 学时）

子活动 3　凸模零件检测（1 学时）

子活动1 凸模加工工艺分析与加工准备

 学习目标

1. 识读零件图样，能表述凸模形状精度要求和其他技术要求。

2. 查询相关资料，掌握凸模材料的基本特性和热处理工艺。

3. 能根据现有条件制定合理的凸模整体加工工艺。

4. 能根据现有线切割设备制定合理的线切割加工工艺和参数。

建议学时：2学时。

 学习过程

凸模零件如图3-3-1所示。

a)　　　　　　b)　　　　　　c)　　　　　　d)

图3-3-1　凸模零件

a）冲孔凸模1　b）冲孔凸模2　c）落料凸模　d）侧刃凸模

1. 结合垫片产品图和凸模零件图，分析落料凸模和冲孔凸模在尺寸设计上有什么区别，其冲裁间隙设计有什么区别。

2．请查阅侧刃零件图，区分侧刃是作为冲孔凸模还是落料凸模。

3．请查阅凸模零件图，回答凸模使用的材料是什么，硬度是多少，为什么凸模硬度比凹模硬度低。

4．确认以下信息，并且根据实际情况制定后续工艺：

（1）现有零件毛坯的状态。

（2）是否具备热处理的条件。

5．在制定凸模机械加工工艺卡前回答以下问题：

（1）该批凸模零件的加工需要使用到哪些设备？

（2）该零件要求淬火至 56 ～ 58HRC 的硬度，应该将淬火工艺安排在哪一步？

（3）该零件大部分工作量均采用线切割完成，如何保证零件的加工精度和加工效率？

（4）如图 3-3-2 所示，该批零件的凸模 1，都有一个凸台结构，应该如何加工该处结构？

图 3-3-2　凸模 1

（5）如图 3-3-3 所示，凸模 2 的结构应该采用什么方法加工？

图 3-3-3　凸模 2

（6）请以一个零件为例写出加工该零件的加工工艺过程。

解答以上问题后，项目团队讨论出最佳加工工艺方法，填入机械加工工艺过程卡中，并经负责人审核签名，见表 3-3-1。

表 3-3-1　　　　　　　　　　　　　　机械加工工艺过程卡

零件名称		零件图号		材料	
毛坯类型		毛坯尺寸		加工数量	
序号	工序名称	工序内容		工艺装备	工时
制定人：		品质主管：		项目经理：	

子活动 2　凸 模 加 工

 **学习目标**

　　1. 能够按照机械加工工艺过程卡的要求，做好加工前的准备工作。

　　2. 能够利用所学的技能完成零件所需的机床加工。

　　3. 能够在加工中不断改进线切割加工工艺，并正确设置加工参数。

　　4. 能够在加工中进行精度检测，发现加工问题，调整加工工艺，达到零件的技术要求。

　　建议学时：7 学时。

 学习过程

1. 做好加工前的各项准备工作，填写表 3-3-2。

表 3-3-2　　　　　　　　　　加工前准备工作确认表

序号	检查内容	确认状态 （确认则画"√"）	备注
1	设备是否能正常启动、关停		
2	设备润滑是否正常		
3	设备切削液是否充足		
4	线切割机床储丝筒储丝是否超过一半		
5	切割部分钼丝是否校直		
6	线切割保护壳是否齐全完好		
7	工具是否准备齐全		
8	刀具是否准备齐全		

续表

序号	检查内容	确认状态 （确认则画"√"）	备注
9	加工所需工艺装备、夹具是否准备齐全		
10	量具是否准备齐全		
11	加工材料是否检查确认无误		
12	操作者着装是否符合安全规范		

检查：　　　　　　　审核：　　　　　　　时间：

2．安全注意事项。

（1）工作时应穿工作服、戴袖套。女同学应戴工作帽，将长发塞入帽子里。夏季禁止穿裙子、短裤和凉鞋上机操作。

（2）为防切屑崩碎飞散，对于有防护外罩的封闭型数控铣床必须关闭防护门。对于开放式机床必须戴防护眼镜。工作时，头不能离工件加工区域太近，以防切屑伤人。

（3）使用磨床时确保零件装夹可靠，磨削进给合适。

（4）工件和刀具必须装夹牢固，防止飞出伤人。

（5）使用线切割机床要防止触电，禁止两个人同时操作机床。

（6）机床停止前，不能进行上机检测。

（7）不要随意拆装电气设备，以免发生触电事故。

（8）工作中若发现机床、电气设备有故障，要及时上报，由专业人员检修，未修复不得使用。

3．线切割加工注意事项。

（1）线切割加工前必须确认程序和补偿量正确无误。

（2）线切割加工前必须校正线切割钼丝的垂直度，绷紧线切割钼丝。

（3）加工工件如果在线切割前进行了铣削、磨削、热处理等工序，工件应该先消磁。

（4）工件装夹可靠，在切割中，应该防止废料变形、夹丝变形。

（5）切割过程中，要经常对切割工况进行检查，发现问题立即处理。

（6）加工中机床发生异常短路或异常停机时，必须查出真实原因并做出正确处理后，方可继续加工。

4．凸模、凹模初步配合。

凸模、凹模的配合间隙合理均匀是保证冲压质量的关键因素，因此在凸模、凹模加工完成后就可以进行初步配合，及早发现问题，提前解决。

（1）凹模表面钳加工

在凹模加工完成后，将凹模固定在钳台或机用虎钳上，选用800号或1000号油石对线切割表面进行研磨，通过研磨去除线切割加工表面的残屑，保证冲裁刃口的锋利程度。在研磨过程中一定要防止出现喇叭口、刃口损伤等情况。

（2）凸模表面钳加工

凸模加工完成后，选用 800 号或 1000 号油石对加工面进行研磨，去除线切割加工的残屑，保证冲裁刃口的锋利程度。研磨过程中也要防止刃口损伤。

（3）凸模表面研磨完成后，可以试配入相应的凹模孔内，初步检验凸模、凹模的配合情况。因为设计单边配合间隙为 0.02 mm，所以可以测量凸模、凹模尺寸确认间隙或者采用塞尺检测凸模、凹模之间间隙是否达到设计要求。

（4）凸模、凹模加工完成需涂油防锈，并妥善保存，防止碰撞损伤。

注意事项：

（1）无论是研磨凹模还是凸模，其研磨量应该控制在 0.005 mm 以内，防止冲裁间隙变大。

（2）如果发现凸模不能配入凹模孔，则需通过检测确认是单个位置阻碍还是整体尺寸错误，一定要找准问题后制定修理方案，报告给指导教师确认后才能进行修模。

5．清理现场、归置物品。

良好的工作习惯是在工作过程中有意识地养成的，这一点对于一名具有良好职业素质的高技能人才而言尤其重要。在每一天的学习实训工作结束后请对照表 3-3-3，确认现场工作符合"5S"的管理规范。

表 3-3-3　　　　　　　　　　　　实训场地"5S"自检表

检查人		检查时间	
项目	检查内容		是否合格
整理	现场是否有废料、杂物和设备工具等		
	设备、工作台是否有个人生活用品、垃圾		
	工具箱中的工具分类是否正确		
整顿	待加工品、成品是否按区摆放		
	工具、量具、刀具是否放在规定位置		
	文件资料、学习资料是否归位存放		
清扫	设备是否按要求清扫		
	工作场地是否按要求清扫		
	加工废屑是否放在指定位置		
	布置的卫生区域是否清扫		
清洁	垃圾是否分类清除		
	工作台是否清洁无垃圾		
	工具、量具是否清洁		
	个人工作服是否清洁		

续表

检查人		检查时间	
项目	检查内容		是否合格
素养	消防器材是否缺失		
	操作人员是否遵守安全操作规程		
	工作人员着装是否符合规范要求		
	下班前是否关电、关水、关门窗		
备注	1. 检查发现不合格处须及时纠正 2. 发现严重违规行为则项目组停工整顿 3. 由各项目组派人轮流进行检查 4. 以项目为被检查单位		

子活动 3　凸模零件检测

 学习目标

1. 能够根据图样，选择合适量具对零件进行检测。

2. 能够根据检测结果判断零件是否合格。

3. 能够针对零件不合格部分提出解决方案，并制造出合格零件。

4. 能够对任务进行总结，为后续任务实施提供更好的参考。

建议学时：1 学时。

 学习过程

工件加工完成，依据检测表，选用合适的量具进行检测。

1. 工件检测前的准备工作。

（1）清洗零件，线切割加工的切割面残余残渣黏附紧密，可以选用煤油或电火花油进行清洗。

（2）清洗完成后采用整形锉或油石清除加工毛刺，但是要防止刃口损伤。

（3）选用合适的检测工具，检测前自检量具是否正常。

（4）讨论正确的检测方式和检测基准。

2．质量检测。

如图 3-3-4 所示，根据凸模零件检测图检测各零件的制造精度。凸模形状简单，主要以常规检测工具检测为主，如果有三坐标测量仪等大型检测设备支持，则检测结果以大型检测设备结果为最终结果。如果没有大型检测设备，则以品质主管检测为最终结果。在公差内则得分，超过公差则不得分。考虑到项目实施时间的原因，本次检测仅针对部分重要尺寸，如果有条件建议进行尺寸全检，指导教师可以另行重新设计检测表发给项目团队。

检测工作完成后，将检测结果填写至表 3-3-4。

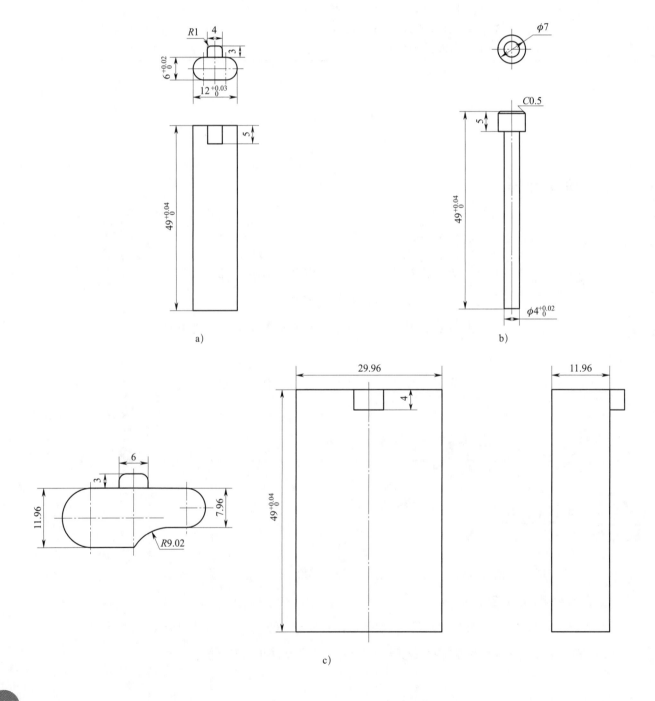

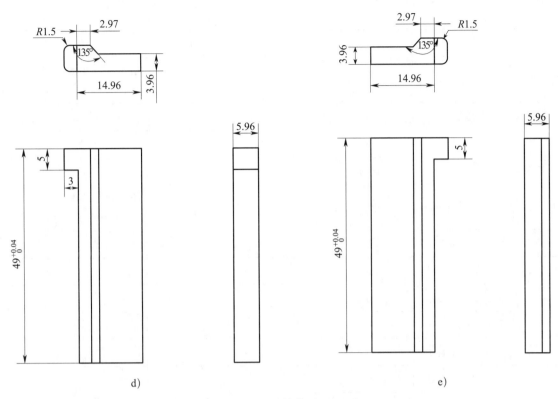

图 3-3-4 凸模零件检测图

a）冲孔凸模 1　b）冲孔凸模 2　c）落料凸模　d）侧刃（左）　e）侧刃（右）

表 3-3-4 　　　　　　　　　　　模具零件质量检测表

零件名称	冲孔凸模 1	图号		加工负责人		
序号	检测项目/mm	配分	自检	互检	用三坐标测量仪检测数值	得分
1	$49^{+0.04}_{0}$	6				
2	$6^{+0.02}_{0}$	6				
3	$12^{+0.03}_{0}$	6				
零件名称	冲孔凸模 2	图号		加工负责人		
序号	检测项目/mm	配分	自检	互检	用三坐标测量仪检测数值	得分
1	$49^{+0.04}_{0}$	5				
2	$\phi 4^{+0.02}_{0}$	5				
零件名称	落料凸模	图号		加工负责人		
序号	检测项目/mm	配分	自检	互检	用三坐标测量仪检测数值	得分
1	$49^{+0.04}_{0}$	6				
2	29.96（　）	6				

续表

零件名称	落料凸模	图号		加工负责人		
序号	检测项目/mm	配分	自检	互检	用三坐标测量仪检测数值	得分
3	11.96（　　）	6				
4	7.96（　　）	6				
零件名称	侧刃	图号		加工负责人		
序号	检测项目/mm	配分	自检	互检	用三坐标测量仪检测数值	得分
1	$49^{+0.04}_{0}$（左）	6				
2	5.96（　　）	6				
3	3.96（　　）	6				
4	14.96（　　）	6				
5	$49^{+0.04}_{0}$（右）	6				
6	5.96（　　）	6				
7	3.96（　　）	6				
8	14.96（　　）	6				
检测主管：		项目经理：		总得分：		

备注：对于检测项目中无公差的尺寸，在检测时应根据图样技术要求规定，自行查询公差等级表，确定公差值，并按对称公差形式标注在表中基本尺寸的括号中。

学习活动 4　异形垫片级进模模板类零件制作

学习目标

1. 能识读模具零件的轴测图和三视图，表述出零件的形状、尺寸、表面粗糙度、公差等信息，并掌握各信息的含义。

2. 能根据现有条件制定合理的凸模固定板和卸料板零件加工工艺。

3. 能安全规范操作机械加工设备，选定合理的加工参数完成模板类零件的加工，并总结出模板类零件加工的工艺特点。

4. 能根据图样要求，完成零件的精度检测（或在检测室的辅助下完成精度检测），判断零件是否合格。

5. 能冷静处理零件加工过程中的加工问题和质量问题。

6. 工作过程符合"5S"要求。

建议学时：18 学时。

学习活动流程

子活动 1　模板类零件加工工艺分析与加工准备（4 学时）

子活动 2　模板类零件加工（12 学时）

子活动 3　模板类零件检测（2 学时）

子活动 1　模板类零件加工工艺分析与加工准备

 **学习目标**

> 1. 能识读模具零件的轴测图和三视图，表述出零件的形状、尺寸、公差等信息，并掌握各信息的含义。
>
> 2. 能根据现有条件制定合理的凸模固定板和卸料板的加工工艺。
>
> 3. 能根据现有线切割设备制定合理的线切割加工工艺和参数。
>
> 建议学时：4 学时。

 学习过程

1．凸模固定板采用什么材料制造？其未注公差的尺寸采用几级精度加工？凸模固定板在模具中的作用是什么？

2．凸模固定板中固定凸模的孔与凸模之间的间隙是多少？属于哪种配合关系？

3．弹性卸料板采用什么材料制造？其未注公差的尺寸采用几级精度加工？弹性卸料板在模具中的作用是什么？

4．弹性卸料板中凸模过孔与凸模之间的配合关系是什么？配合间隙是多少？

5．如图 3-4-1 所示为凸模固定板，请在制定凸模固定板机械加工工艺卡前回答以下问题：

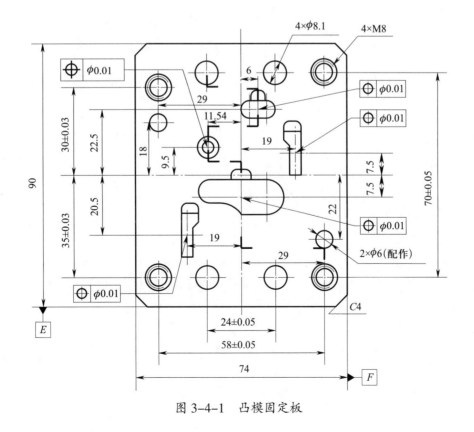

图 3-4-1　凸模固定板

（1）该零件的 4 个 $\phi 8.1\,mm$ 通孔与 M8 螺纹孔采用什么方式加工？

（2）2 个 $\phi 6\,mm$ 的销钉孔应该安排在哪道工序加工？如何加工？

（3）该零件中固定凸模的通孔应该采用什么设备加工？如何保证通孔与凸模的装配要求？如何保证孔的位置精度？

（4）请写出该零件的加工工艺过程。

6. 如图 3-4-2 所示为弹性卸料板，请在制定弹性卸料板机械加工工艺卡前回答以下问题。

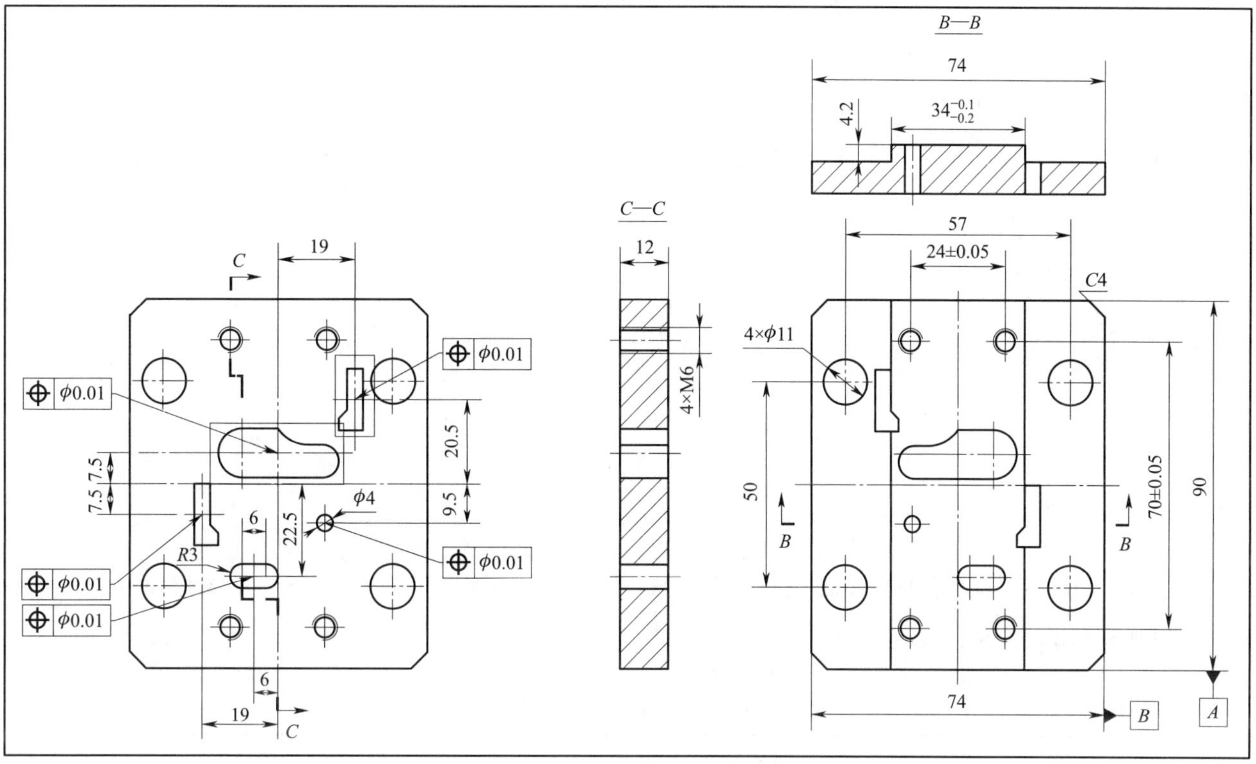

图 3-4-2　弹性卸料板

（1）该零件的 4 个 $\phi 11$ mm 通孔与 M6 螺纹孔采用什么方式加工？

（2）弹性卸料板上 4.2 mm 高台阶的加工安排在孔加工前还是孔加工后？请写明原因。

（3）该零件中凸模过孔采用什么设备加工？如何保证通孔与凸模的装配要求？如何保证孔的位置精度？

（4）请写出该零件的加工工艺过程。

解答以上问题后，项目团队讨论出最佳加工工艺方法，填入机械加工工艺过程卡中，并经负责人审核签名，分别见表 3-4-1 和表 3-4-2。

表 3-4-1 　　　　　　　　　　　　　机械加工工艺过程卡（1）

零件名称	凸模固定板	零件图号		材料	
毛坯类型		毛坯尺寸		加工数量	
序号	工序名称	工序内容		工艺装备	工时
制定人：		品质主管：		项目经理：	

表 3-4-2　　　　　　　　　　　　机械加工工艺过程卡（2）

零件名称	弹性卸料板		零件图号			材料	
毛坯类型			毛坯尺寸			加工数量	
序号	工序名称		工序内容		工艺装备		工时
制定人：			品质主管：			项目经理：	

子活动 2　模板类零件加工

 学习目标

　　1. 能够按照机械加工工艺过程卡的要求，做好加工前的准备工作。

　　2. 能够利用所学的技能完成零件所需的机床加工。

　　3. 能够在加工中不断改进线切割加工工艺及设置加工参数。

　　4. 能够在加工中进行精度检测，发现加工问题，调整加工工艺，达到零件的技术要求。

　　建议学时：12 学时。

学习过程

1．做好加工前的各项准备工作，填写表 3-4-3。

表 3-4-3　　　　　　　　　加工前准备工作确认表

序号	检查内容	确认状态 （确认则画"√"）	备注
1	设备是否能正常启动、关停		
2	设备润滑是否正常		
3	设备切削液是否充足		
4	线切割机床储丝筒储丝是否超过一半		
5	切割部分钼丝是否校直		
6	线切割保护壳是否齐全完好		
7	工具是否准备齐全		
8	刀具是否准备齐全		
9	加工所需工艺装备、夹具是否准备齐全		
10	量具是否准备齐全		
11	加工材料是否检查确认无误		
12	操作者着装是否符合安全规范		

检查：　　　　　　　审核：　　　　　　　时间：

2．安全注意事项。

（1）工作时应穿工作服，戴套袖。女同学应戴工作帽，将长发塞入帽子里。夏季禁止穿裙子、短裤和凉鞋上机操作。

（2）为防切屑崩碎飞散，对于有防护外罩的封闭型数控铣床必须关闭防护门。对于开放式机床必须戴防护眼镜。工作时，头部不能离工件加工区域太近，以防切屑伤人。

（3）使用磨床时确保零件装夹可靠，磨削进给合适。

（4）工件和刀具必须装夹牢固，防止飞出伤人。

（5）使用线切割机床要防止触电，禁止两人同时操作机床。

（6）机床停止前不能进行上机检测。

（7）不要随意拆装电气设备，以免发生触电事故。

（8）工作中若发现机床、电气设备有故障，要及时上报，由专业人员检修，未修复不得使用。

3．线切割加工注意事项。

（1）线切割加工前必须确认程序和补偿量是否正确无误。

（2）线切割加工前必须校正线切割钼丝的垂直度，绷紧线切割钼丝。

（3）如果工件在线切割前进行了铣削、磨削、热处理等工序，工件应先消磁。

（4）工件装夹应可靠，在切割过程中，应防止夹丝变形。

（5）切割过程中，要经常对切割工况进行检查，发现问题应立即处理。

（6）加工中机床发生异常短路或异常停机时，必须查出真实原因并做出正确处理后，方可继续加工。

4．凸模固定板、弹性卸料板试配。

凸模固定板、弹性卸料板加工完成后应该与凸模进行试配，及早发现加工和配合问题，为模具装配提供良好的基础。

（1）清洗线切割的加工面，去除加工毛刺。

（2）用凸模与凸模固定板试配，保证凸模可以装入固定板，但是又不会晃动。如果凸模不能装入固定板，一定要查找出问题所在，谨慎修模。

（3）用凸模与弹性卸料板试配，保证凸模与卸料板之间活动顺畅。

（4）零件加工完成需涂油防锈，并妥善保存，防止碰撞损伤。

5．清理现场，归置物品。

良好的工作习惯是在工作过程中有意识地养成的，这一点对于一名具有良好职业素质的高技能人才而言尤其重要。在每一天的学习实训工作结束后请对照表3-4-4，确认现场工作符合"5S"的管理规范。

表 3-4-4　　　　　　　　　　　　　实训场地"5S"自检表

检查人		检查时间	
项目	检查内容		是否合格
整理	现场是否有废料、杂物和设备工具等		
	设备、工作台是否有个人生活用品、垃圾		
	工具箱中的工具分类是否正确		
整顿	待加工品、成品是否按区摆放		
	工具、量具、刀具是否放在规定位置		
	文件资料、学习资料是否归位存放		

续表

检查人		检查时间	
项目	检查内容		是否合格
清扫	设备是否按要求清扫		
	工作场地是否按要求清扫		
	加工废屑是否放在指定位置		
	布置的卫生区域是否清扫		
清洁	垃圾是否分类清除		
	工作台是否清洁无垃圾		
	工具、量具是否清洁		
	个人工作服是否清洁		
素养	消防器材是否缺失		
	操作人员是否遵守安全操作规程		
	工作人员着装是否符合规范要求		
	下班前是否关电、关水、关门窗		
备注	1. 检查发现不合格处须及时纠正 2. 发现严重违规行为则项目组停工整顿 3. 由各项目组派人轮流进行检查 4. 以项目为被检查单位		

子活动3　模板类零件检测

学习目标

1. 能根据图样选择合适的量具对零件进行检测。

2. 能根据检测结果判断零件是否合格。

3. 能针对零件不合格部分提出解决方案，并制造出合格的零件。

4. 能对任务进行总结，为后续任务实施提供更好的参考。

建议学时：2学时。

学习过程

工件加工完成后，依据检测表，选用合适的量具进行检测。

1．工件检测前准备工作。

（1）清洗零件，线切割加工的切割面残渣黏附紧密，可以选用煤油或电火花油进行清洗。

（2）清洗完成后采用整形锉或油石清除加工毛刺，倒钝锐边。

（3）选用合适的检测工具，检测前自检量具是否正常。

（4）讨论正确的检测方式和检测基准。

2．质量检测。

如图 3-4-3 所示，根据模板零件检测图检测两块模板零件的加工精度，两块模板的检测尺寸中位置尺寸较多，建议采用三坐标测量仪检测。如果没有三坐标测量仪，则以品质主管检测为最终结果。结果在公差内则得分，超过公差则不得分。考虑到实施时间的原因，本次检测仅针对部分重要尺寸，如果有条件建议所有尺寸全检，指导教师可以另行重新设计检测表。

检测工作完成后，将检测结果填写至表 3-4-5 和表 3-4-6。

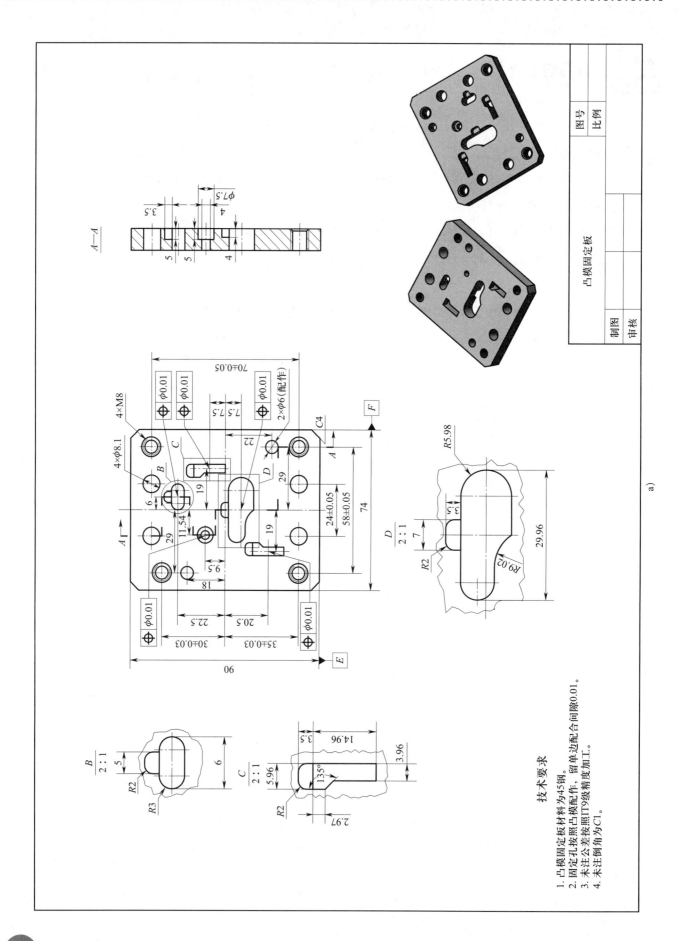

技术要求
1. 凸模固定板材料为45钢。
2. 固定孔按照凸模配作，留单边配合间隙0.01。
3. 未注公差按照IT9级精度加工。
4. 未注倒角为C1。

a)

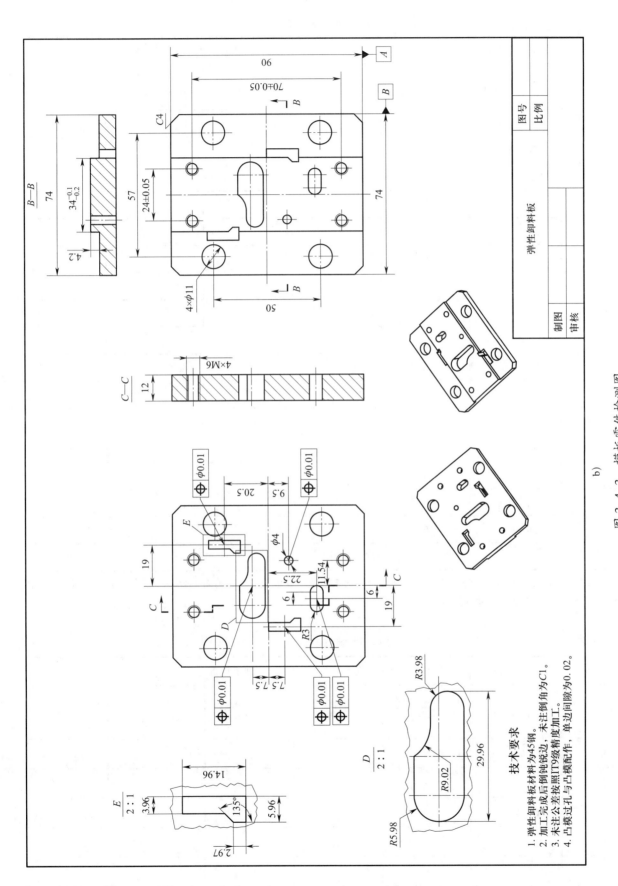

图 3-4-3 模板零件检测图
a) 凸模固定板零件图 b) 弹性卸料板零件图

b)

技术要求

1. 弹性卸料板材料为45钢。
2. 加工完成后倒钝锐边，未注倒角为C1。
3. 未注公差按照IT9级精度加工。
4. 凸模过孔与凸模配作，单边间隙为0.02。

表 3-4-5　　　　　　　　　　　　　　　模具零件质量检测表

零件名称	凸模固定板	图号		加工负责人		
序号	检测项目 /mm	配分	自检	互检	用三坐标测量仪检测数值	得分
1	58 ± 0.05	7				
2	24 ± 0.05	7				
3	20.5（　　）	7				
4	22.5（　　）	7				
5	29（　　）	6				
6	11.54（　　）	6				
7	19（　　）	6				
8	9.5（　　）	6				
9	7.5（　　）	6				
10	7.5（　　）	6				
11	22（　　）	6				
12	29（　　）	6				
13	19（　　）	6				
14	70 ± 0.05	6				
15	35 ± 0.03	6				
16	30 ± 0.03	6				
检测主管：			项目经理：		总得分：	

备注：对于检测项目中无公差的尺寸，在检测时应根据图样技术要求规定，自行查询公差等级表，确定公差值，并按对称公差形式标注在表中基本尺寸的括号中。

表 3-4-6　　　　　　　　　　　　　　　模具零件质量检测表

零件名称	弹性卸料板	图号		加工负责人		
序号	检测项目 /mm	配分	自检	互检	用三坐标测量仪检测数值	得分
1	7.5（　　）	8				
2	7.5（　　）	8				
3	6（　　）	8				
4	19（　　）	8				
5	22.5（　　）	8				

续表

零件名称	弹性卸料板	图号		加工负责人		
序号	检测项目/mm	配分	自检	互检	用三坐标测量仪检测数值	得分
6	9.5 （ ）	8				
7	20.5 （ ）	8				
8	11.54 （ ）	8				
9	19 （ ）	8				
10	$34_{-0.2}^{-0.1}$	7				
11	4.2 （ ）	7				
12	24 ± 0.05	7				
13	70 ± 0.05	7				
检测主管：			项目经理：		总得分：	

备注：对于检测项目中无公差的尺寸，在检测时应根据图样技术要求规定，自行查询公差等级表，确定公差值，并按对称公差形式标注在表中基本尺寸的括号中。

学习活动 5　异形垫片级进模其他零件制作

学习目标

1. 能识读模具零件的轴测图和三视图，表述出零件的形状、尺寸、表面粗糙度、公差等信息，并掌握各信息的含义。

2. 能根据现有条件制定合理的模座零件和导料板零件的加工工艺。

3. 能安全规范操作机械加工设备，选定合理的加工参数完成模板零件的加工，并总结出模板类零件加工的工艺特点。

4. 能根据图样要求，完成零件的精度检测（或在检测室的辅助下完成精度检测），判断零件是否合格。

5. 能冷静处理零件加工过程中的加工问题和质量问题。

6. 工作过程符合"5S"要求。

建议学时：14 学时。

学习活动流程

子活动 1　模具零件加工工艺分析与加工准备（2 学时）

子活动 2　模具零件加工（10 学时）

子活动 3　模具零件检测（2 学时）

子活动 1　模具零件加工工艺分析与加工准备

学习目标

1. 能识读模具零件的轴测图和三视图，表述出零件的形状、尺寸、公差等信息，并掌握各信息的含义。

2. 根据现有条件选用最合适的加工设备。

3. 能根据现有条件制定合理的模座加工工艺。

建议学时：2 学时。

学习过程

异形垫片级进模其他零件，如图 3-5-1 所示。根据上模座板、下模座板、导料板、凹模垫板及模柄图样，由项目经理组织项目成员讨论完成以下工作：

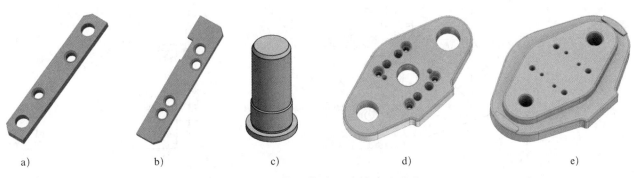

a)　　　　　　　b)　　　　　　　c)　　　　　　　d)　　　　　　　e)

图 3-5-1　异形垫片级进模其他零件

a）凹模垫板　b）导料板　c）模柄　d）上模座板　e）下模座板

1. 上模座板和下模座板采用什么材料？为什么选用此种材料？

2．导料板在本模具中起什么作用？它采用什么材料制作？

3．凹模垫板在本模具中起什么作用？它采用什么材料制作？

4．模柄在冲压模具中起什么作用？如果没有采用标准件，该如何加工？

5．如图 3-5-2 所示为上模座板，请在制定上模座板机械加工工艺卡前回答以下问题：

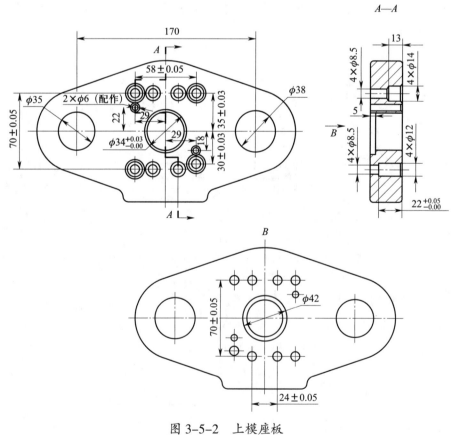

图 3-5-2　上模座板

（1）该上模座板采用何种设备加工？如何装夹该零件？模板反面加工时如何装夹才能保护导套？

（2）上模座板的设计基准是零件的中心线，其加工基准是什么？如何在机床上校准基准坐标？

（3）模座板上 $\phi 34$ mm 的模柄孔如何加工？采用哪种刀具？

6．如图 3-5-3 所示为下模座板，请在制定下模座板机械加工工艺卡前回答以下问题：

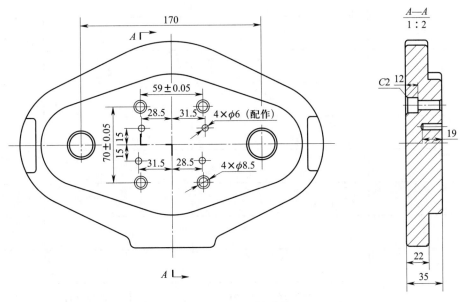

图 3-5-3　下模座板

（1）该下模座板采用何种设备加工？如何装夹该零件？如何保证与上模座板的加工基准一致？

（2）下模座板上有两个导柱，在加工之前，请确认是否与加工设备有干涉，特别是进行反面加工时应该如何装夹。

7．零件加工注意事项

模柄如果采用标准件，则无须制定机械加工工艺过程卡。如果需要自制，则应自行制定机械加工工艺过程卡。上述零件的机械加工工艺过程卡分别见表3-5-1至表3-5-4。

表3-5-1 机械加工工艺过程卡（1）

零件名称	上模座板	零件图号		材料	
毛坯类型		毛坯尺寸		加工数量	
序号	工序名称	工序内容		工艺装备	工时
制定人：		品质主管：		项目经理：	

表 3-5-2　　　　　　　　　　　　机械加工工艺过程卡（2）

零件名称	下模座板	零件图号		材料	
毛坯类型		毛坯尺寸		加工数量	
序号	工序名称	工序内容		工艺装备	工时
制定人：		品质主管：		项目经理：	

表 3-5-3　　　　　　　　　　　　机械加工工艺过程卡（3）

零件名称	导料板	零件图号		材料	
毛坯类型		毛坯尺寸		加工数量	
序号	工序名称	工序内容		工艺装备	工时
制定人：		品质主管：		项目经理：	

表 3-5-4 　　　　　　　　　　　机械加工工艺过程卡（4）

零件名称	凹模垫板	零件图号		材料	
毛坯类型		毛坯尺寸		加工数量	
序号	工序名称	工序内容		工艺装备	工时
制定人：		品质主管：		项目经理：	

子活动 2　模具零件加工

学习目标

　　1. 能够按照机械加工工艺过程卡的要求，做好加工前的准备工作。

　　2. 能够利用所学的技能完成零件所需的机床加工。

　　3. 能够在加工中进行精度检测，发现加工问题，调整加工工艺，达到零件的技术要求。

　　建议学时：10 学时。

学习过程

1．做好加工前的各项准备工作，填写表 3-5-5。

表 3-5-5　　　　　　　　　　　　　　加工前准备工作确认表

序号	检查内容	确认状态 （确认则画"√"）	备注
1	设备是否能正常启动、关停		
2	设备润滑是否正常		
3	设备切削液是否充足		
4	线切割机床储丝筒储丝是否超过一半		
5	切割部分钼丝是否校直		
6	线切割保护壳是否齐全完好		
7	工具是否准备齐全		
8	刀具是否准备齐全		
9	加工所需工艺装备、夹具是否准备齐全		
10	量具是否准备齐全		
11	加工材料是否检查确认无误		
12	操作者着装是否符合安全规范		

检查：　　　　　　　审核：　　　　　　　时间：

2．安全注意事项。

（1）工作时应穿工作服、戴袖套。女同学应戴工作帽，将长发塞入帽子里。夏季禁止穿裙子、短裤和凉鞋上机操作。

（2）为防切屑崩碎飞散，对于有防护外罩的封闭型数控铣床必须关闭防护门。对于开放式机床必须戴防护眼镜。工作时，头部不能离工件加工区域太近，以防切屑伤人。

（3）使用磨床时确保零件装夹可靠，磨削进给合适。

（4）工件和刀具必须装夹牢固，防止飞出伤人。

（5）使用线切割机床要防止触电，禁止两个人同时操作机床。

（6）机床停止前，不能进行上机检测。

（7）不要随意拆装电气设备，以免发生触电事故。

（8）工作中若发现机床、电气设备有故障，要及时上报，由专业人员检修，未修复不得使用。

3．线切割加工注意事项。

（1）线切割加工前必须确认程序和补偿量正确无误。

（2）线切割加工前必须校正线割丝的垂直度，绷紧线切割钼丝。

（3）加工工件如果在线切割前进行了铣削、磨削、热处理等工序，工件应该先消磁。

（4）工件装夹可靠，在切割中，应该防止废料变形、夹丝变形。

（5）切割过程中，要经常对切割工况进行检查，发现问题立即处理。

（6）加工中机床发生异常短路或异常停机时，必须查出真实原因并做出正确处理后，方可继续加工。

4．上模座板与下模座板试装配。

上、下模座板加工完成后，需要进行试装配，确认上、下模座板在导柱、导套的引导下滑动正常。试装配注意事项如下：

（1）清洗上、下模座板，清除加工毛刺及加工面油污。

（2）清洗导柱、导套，并在表面涂抹润滑油。

（3）用凸模与弹性卸料板试配，保证凸模与卸料板之间顺畅活动。

（4）如果发现配合卡滞，那么一定要检测导柱、导套是否垂直，校正后再试装，一定要避免强行配入。

5．清理现场、归置物品。

良好的工作习惯是在工作过程中有意识地养成的，这一点对于一名具有良好职业素质的高技能人才而言尤其重要。在每一天的学习实训工作结束后请对照表3-5-6，确认现场工作符合"5S"的管理规范。

表3-5-6　　　　　　　　　　　　实训场地"5S"自检表

检查人		检查时间	
项目	检查内容		是否合格
整理	现场是否有废料、杂物和设备工具等		
	设备、工作台是否有个人生活用品、垃圾		
	工具箱中的工具分类是否正确		
整顿	待加工品、成品是否按区摆放		
	工具、量具、刀具是否放在规定位置		
	文件资料、学习资料是否归位存放		

续表

检查人		检查时间	
项目	检查内容		是否合格
清扫	设备是否按要求清扫		
	工作场地是否按要求清扫		
	加工废屑是否放在指定位置		
	布置的卫生区域是否清扫		
清洁	垃圾是否分类清除		
	工作台是否清洁无垃圾		
	工具、量具是否清洁		
	个人工作服是否清洁		
素养	消防器材是否缺失		
	操作人员是否遵守安全操作规程		
	工作人员着装是否符合规范要求		
	下班前是否关电、关水、关门窗		
备注	1. 检查发现不合格处须及时纠正 2. 发现严重违规行为则项目组停工整顿 3. 由各项目组派人轮流进行检查 4. 以项目为被检查单位		

子活动 3　模具零件检测

学习目标

1. 能够根据图样，选择合适的量具对零件进行检测。

2. 能够根据检测结果判断零件是否合格。

3. 能够针对零件不合格部分提出解决方案，并制造出合格零件。

4. 能够对任务进行总结，为后续任务实施提供更好的参考。

建议学时：2学时。

学习过程

工件加工完成后，依据检测表，选用合适的量具进行检测。

1. 工件检测前准备工作。

（1）清洗零件，线切割加工的切割面残余残渣黏附紧密，可以选用煤油或电火花油进行清洗。

（2）清洗完成后采用整形锉或油石清除加工毛刺，倒钝锐边。

（3）选用合适的检测工具，检测前自检量具是否正常。

（4）讨论正确的检测方式和检测基准。

2. 质量检测。

如图 3-5-4 所示，根据模具零件检测图检测模具零件的制造精度。模具零件检测尺寸中位置尺寸较多，建议采用三坐标测量仪检测。如果没有三坐标测量仪检测仪，则以品质主管检测为最终结果。公差内则得分，超过公差则不得分。考虑到项目实施时间的原因，本次检测仅针对了部分重要尺寸，如果有条件建议尺寸全检，指导教师可以另行重新设计检测表发给项目团队。

模柄因重要尺寸较少，无论是采购还是自制，均可自行根据检测图进行检测和判断。

检测工作完成后，将检测结果填写至表 3-5-7 和表 3-5-8 中。

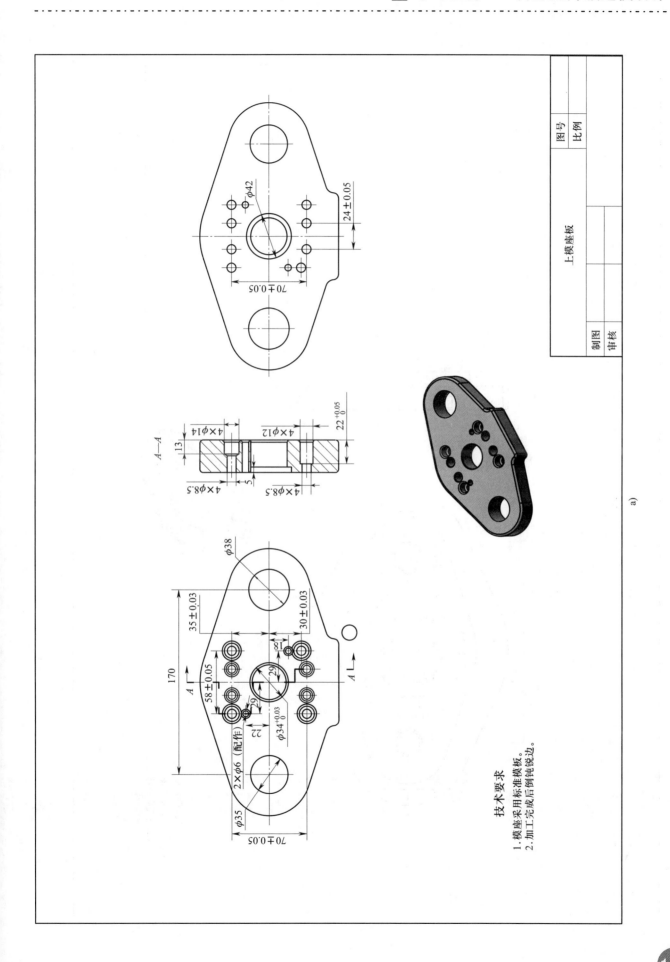

上模座板

图号

比例

制图

审核

技术要求
1. 模座采用标准模板。
2. 加工完成后倒钝锐边。

a)

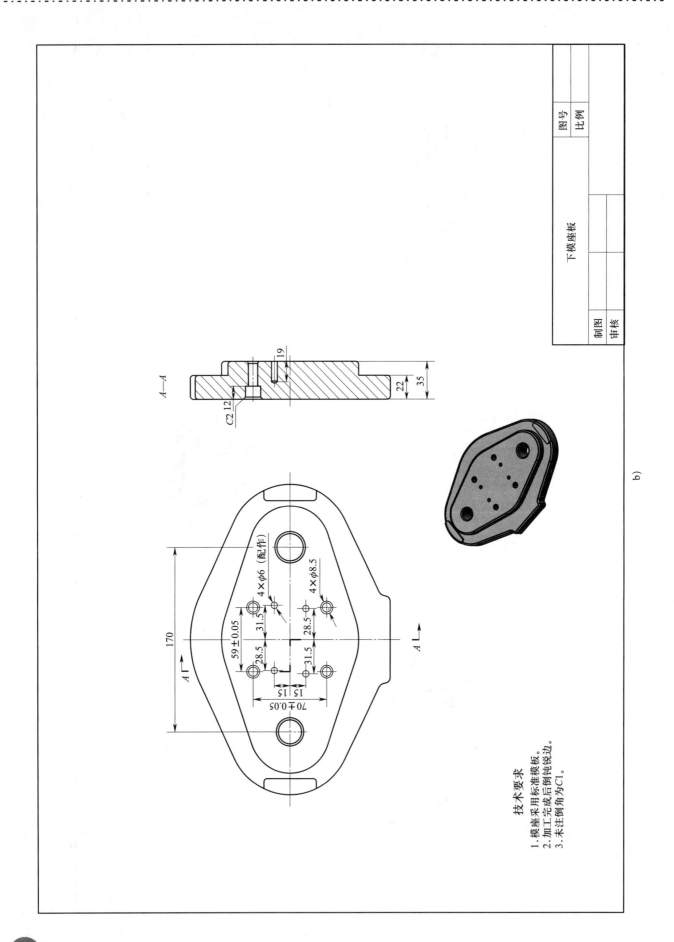

技术要求

1. 模座采用标准模板。
2. 加工完成后倒钝锐边。
3. 未注倒角为C1。

b)

下模座板

图号
比例

制图
审核

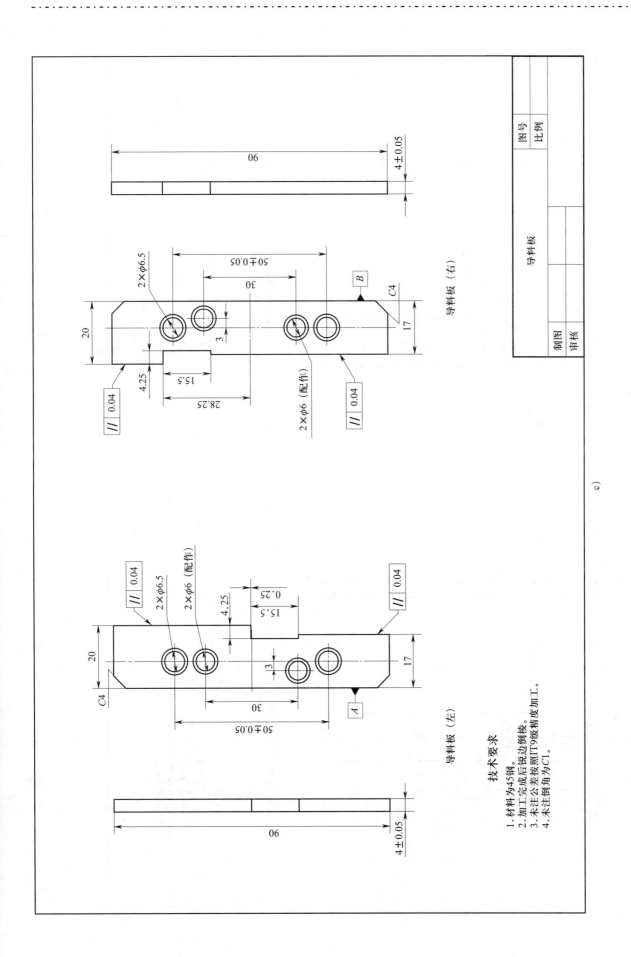

技术要求
1. 材料为45钢。
2. 加工完成后锐边倒棱。
3. 未注公差按照IT9级精度加工。
4. 未注倒角为C1。

c)

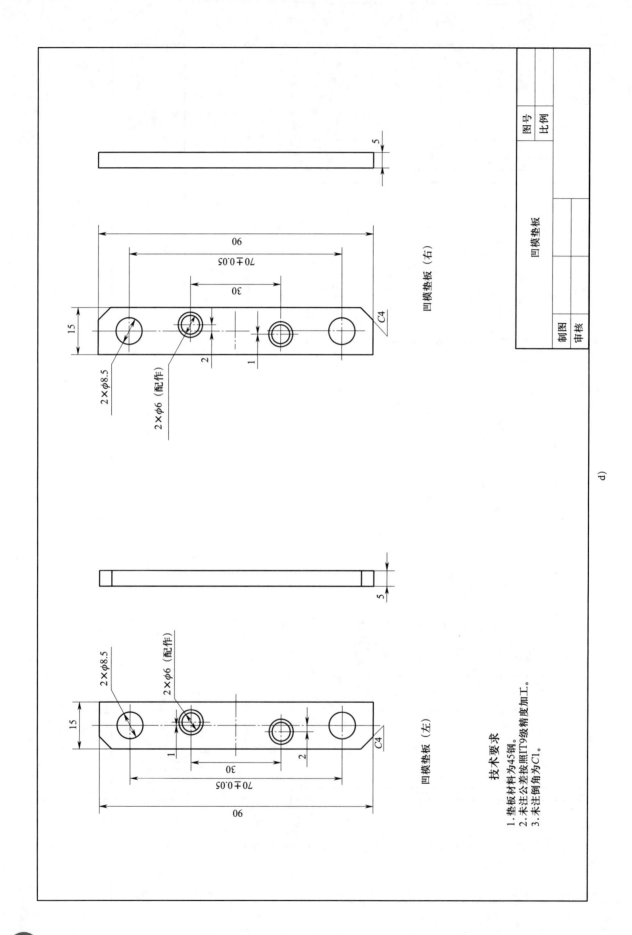

凹模垫板（右）

凹模垫板（左）

技术要求
1. 垫板材料为45钢。
2. 未注公差按照IT9级精度加工。
3. 未注倒角为C1。

d)

	凹模垫板	图号	
		比例	
制图			
审核			

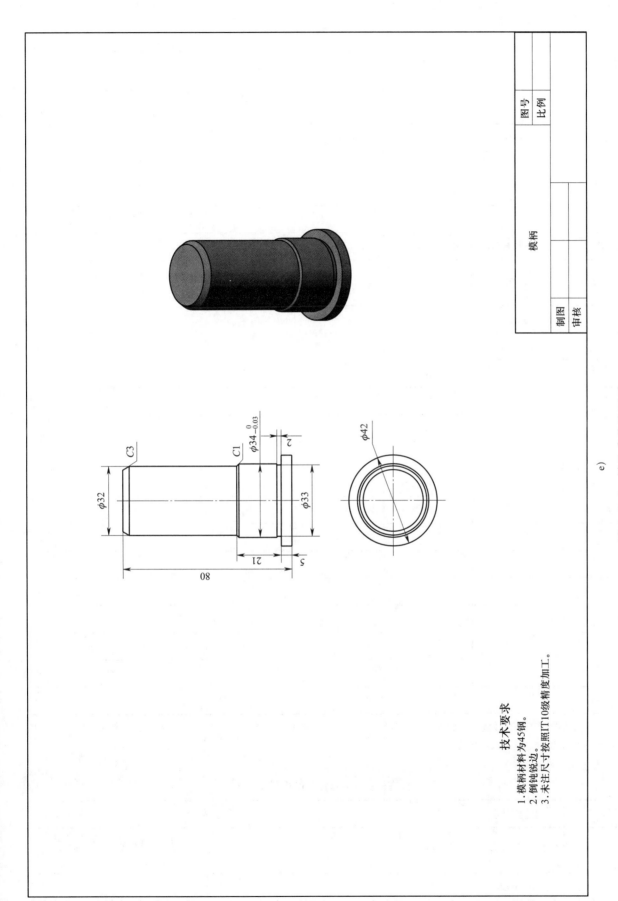

技术要求

1. 模柄材料为45钢。
2. 倒钝锐边。
3. 未注尺寸按照IT10级精度加工。

e)

图 3-5-4　模具零件检测图

a）上模座板　b）下模座板　c）导料板　d）凹模垫板　e）模柄

表 3-5-7　　　　　　　　　　　　　凹模垫板、导料板质量检测表

零件名称	凹模垫板	图号		加工负责人		
序号	检测项目/mm	配分	自检	互检	用三坐标测量仪检测数值	得分
1	70 ± 0.05	10				
2	70 ± 0.05	10				
零件名称	导料板	图号		加工负责人		
序号	检测项目/mm	配分	自检	互检	用三坐标测量仪检测数值	得分
1	4 ± 0.05	10				
2	50 ± 0.05	10				
3	15.5（　　）	10				
4	4.25（　　）	10				
5	4 ± 0.05	10				
6	50 ± 0.05	10				
7	15.5（　　）	10				
8	4.25（　　）	10				
检测主管：		项目经理：		总得分：		

备注：对于检测项目中无公差的尺寸，在检测时应根据图样技术要求规定，自行查询公差等级表，确定公差值，并按对称公差形式标注在表中基本尺寸的括号中。

表 3-5-8　　　　　　　　　　　　　上模座板、下模座板质量检测表

零件名称	上模座板	图号		加工负责人		
序号	检测项目/mm	配分	自检	互检	用三坐标测量仪检测数值	得分
1	70 ± 0.05	10				

序号	检测项目/mm	配分	自检	互检	用三坐标测量仪检测数值	得分
2	58 ± 0.05	10				
3	$\phi 34^{+0.03}_{0}$	10				
4	35 ± 0.03	10				
5	30 ± 0.03	10				
6	5（　　）	10				
7	$22^{+0.05}_{0}$	10				

零件名称	下模座板	图号		加工负责人		
序号	检测项目/mm	配分	自检	互检	用三坐标测量仪检测数值	得分
1	70 ± 0.05	10				
2	59 ± 0.05	10				

检测主管：	项目经理：	总得分：

备注：对于检测项目中无公差的尺寸，在检测时应根据图样技术要求规定，自行查询公差等级表，确定公差值，并按对称公差形式标注在表中基本尺寸的括号中。

学习目标

> 1. 能在教师的指导下理解模具装配图和3D图，能叙述该级进模的冲压原理和模具结构。
>
> 2. 能根据教师的指导，完成模具的装配。
>
> 3. 能根据模具试模状况，完成模具冲裁间隙调试。
>
> 4. 能在教师的指导或冲压技术人员的配合下，完成模具试模。
>
> 5. 工作过程符合"5S"要求。
>
> 建议学时：6学时。

学习过程

1. 根据模具装配图，叙述该级进模的冲压原理。该模具料带尺寸是多少？应该分几步进行冲压？分别是什么？其冲裁步距是多少？

2. 请根据工具清单和标准件清单，准备装配工具及标准件。如果还另外有需要，可以自行添加，见表3-6-1。

学习活动6　异形垫片级进模装配与调试

表 3-6-1　　　　　　　　　　　工具清单和标准件清单

工具清单

序号	名称	规格	数量	备注
1	等高垫铁		1 套	
2	内六角扳手	公制	1 套	
3	铜棒	$\phi 40$ mm	1 根	
4	锤子		1 个	
5	塞规		1 套	
6	风动修磨机		1 套	含修磨头一套
7	油石	600 号、800 号、1000 号	各 1 根	
8	砂布	600 号、800 号	各 1 张	
9	润滑油		适量	
10	干净抹布		适量	
11	厚纸片	厚度为 1 mm 左右，宽度为 40 mm	适量	
12	拔销器		1 个	
13	试模料带	铝合金 3003，厚度为 0.3 mm，宽度为 40 mm	适量	

标准件清单

1	定位销钉	$\phi 6$ mm × 36 mm	4 个	带拔销螺纹
2	定位销钉	$\phi 6$ mm × 40 mm	4 个	带拔销螺纹
3	内六角螺钉	M8 × 35	4 个	
4	内六角螺钉	M8 × 30	4 个	
5	内六角螺钉	M8 × 10	4 个	
6	等高螺钉	$\phi 6$ mm × 50 mm	4 个	螺纹为 M6
7	弹簧	$\phi 16$ mm × 30 mm	4 个	黄色扁弹簧

3．装配准备工作都包括哪些？

4．根据模具装配参考工艺，完成模具装配和调试，见表 3-6-2。

表 3-6-2 　　　　　　　　　　　　异形垫片级进模参考装配工艺

序号	装配项目	装配要点	图示	备注
1	装配下模	1．将凹模垫板和凹模固定在下模座板上 2．从下模座后面装配内六角螺钉，稍微紧固螺钉，但保持凹模可以稍微调整	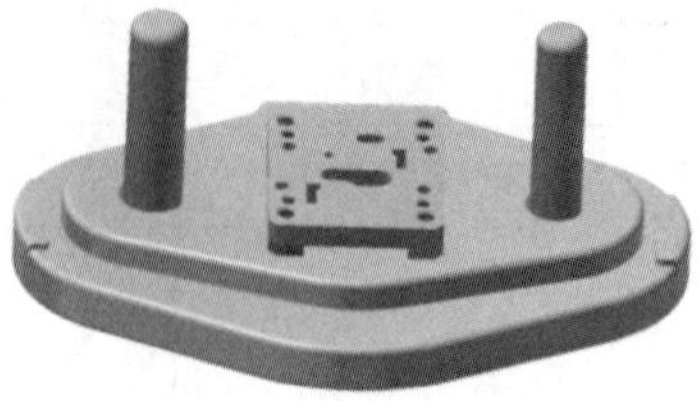 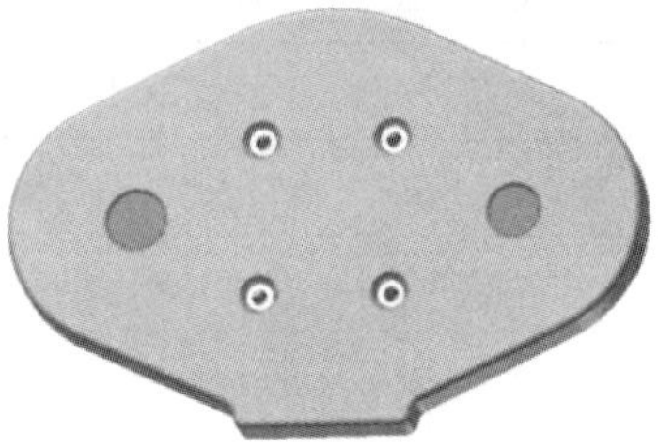	
2	装配导料板	1．装配导料板，注意不要装错方向 2．检查两导料板之间的宽度，稍微紧固螺钉	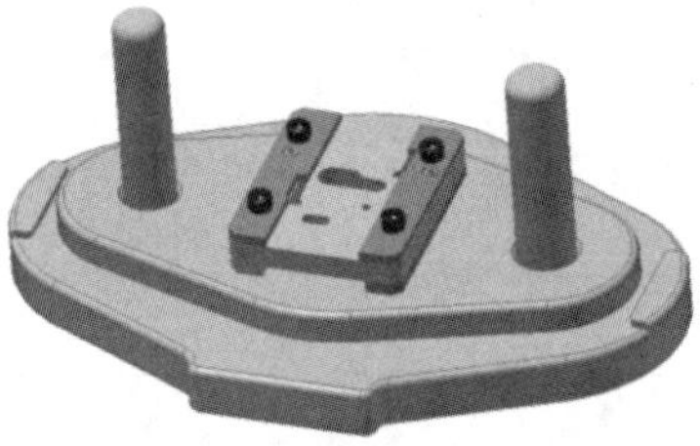	
3	装配凸模	1．将弹性卸料板按照装配方向摆放在凹模上 2．在弹性卸料板和凸模固定板上放置 25 mm 的等高垫铁 3．将凸模装入固定板，并穿过弹性卸料板和凹模	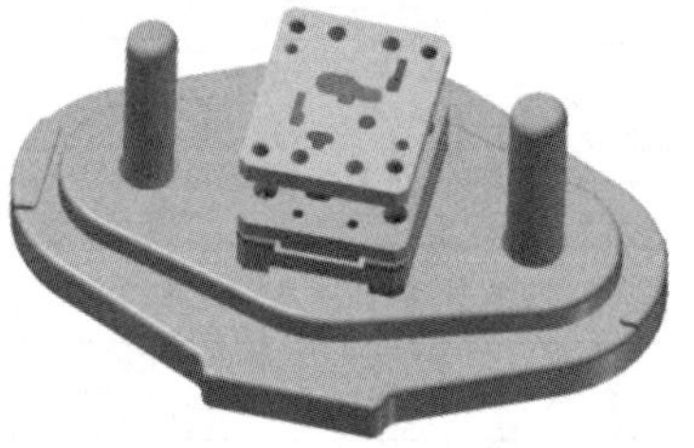	
4	装配模柄	1．将模柄装配到上模座板上 2．将模柄凸台与上模座面磨平齐	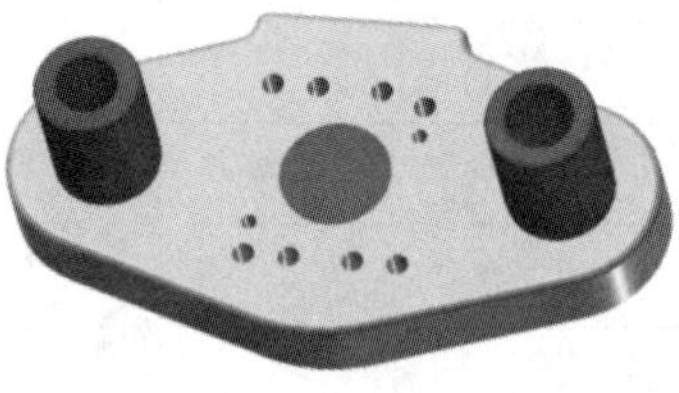	
5	装配凸模垫板和上模座板	1．放上凸模固定板，上模座板，注意方向正确 2．从上模座上表面装配内六角螺钉固定凸模固定板、凸模垫板、上模座板		

续表

序号	装配项目	装配要点	图示	备注
6	装配卸料弹簧和等高螺钉	1. 将弹簧放入弹性卸料板和凸模固定板之间 2. 将上模稍微提升，再轻轻下降，检查凸模是否能顺畅进入凹模刃口中 3. 如果顺畅，则从上模座板上表面穿入等高螺钉，并拧紧		
7	调整冲模间隙	1. 将上模提升上来，再放下来，用力压上模，检查凸模是否可以顺畅进入凹模中 2. 如果顺畅，则将上、下模的螺钉紧固		
8	试冲纸片	1. 纸片放在导料板之间，人力压上模或使用手动冲压机进行试冲纸片。通过纸片检查凸模、凹模之间的间隙是否均匀 2. 如果间隙不均匀，则可以根据间隙情况调整模具		
9	装定位销	1. 紧固模具螺钉 2. 钻、铰销钉孔 3. 清洁销钉孔和销钉，涂润滑油后打入销钉 4. 再次试冲纸片，检查模具		
10	清洁模具	1. 清洁模具外表面 2. 导柱、导套加润滑油		

5．在冲床上试冲模具的安全注意事项都有哪些？

6．清理现场、归置物品。

良好的工作习惯是在工作过程中有意识地养成的，这一点对于一名具有良好职业素质的高技能人才而言尤其重要。在每一天的学习实训工作结束后请对照表3-6-3，确认现场工作符合"5S"的管理规范。

表3-6-3　　　　　　　　　　　　　　实训场地"5S"自检表

检查人		检查时间	
项目	检查内容		是否合格
整理	现场是否有废料、杂物和设备工具等		
	设备、工作台是否有个人生活用品、垃圾		
	工具箱中的工具分类是否正确		
整顿	待加工品、成品是否按区摆放		
	工具、量具、刀具是否放在规定位置		
	文件资料、学习资料是否归位存放		
清扫	设备是否按要求清扫		
	工作场地是否按要求清扫		
	加工废屑是否放在指定位置		
	布置的卫生区域是否清扫		
清洁	垃圾是否分类清除		
	工作台是否清洁无垃圾		
	工具、量具是否清洁		
	个人工作服是否清洁		
素养	消防器材是否缺失		
	操作人员是否遵守安全操作规程		
	工作人员着装是否符合规范要求		
	下班前是否关电、关水、关门窗		
备注	1．检查发现不合格处须及时纠正 2．发现严重违规行为则项目组停工整顿 3．由各项目组派人轮流进行检查 4．以项目为被检查单位		

学习活动 7　成果展示与评价

学习目标

1. 项目小组能设计合理的方式进行成果展示。
2. 能合理对工作过程进行评价。
3. 能规范撰写工作总结。
4. 能有效进行工作反馈与经验交流。

建议学时：2 学时。

学习过程

1．课前准备工作。

（1）项目小组利用课余时间进行总结，设计合理的形式进行展示，并布置好展示台。要求采用多种展示方式，如模具实物、海报、视频等。

（2）每个项目小组必须制作一个项目总结 PPT，展示项目实施过程，模具产品，项目实施经验、教训、收获等方面的内容。

（3）项目小组成员每人必须撰写一份工作总结，以文字和图片结合的形式编写。主要针对个人在项目实施过程中发挥的作用，组织实施的经验和教训，技术总结和收获。个人工作总结打印出来后需统一上交项目经理，项目经理审核后交指导教师审核。

2．项目展示。

（1）项目小组之间轮流参观，每个项目小组留一人讲解（15 min 左右）。

（2）项目集中展示，每个小组派一人讲解展示项目成果。其他组对展示小组的成果进行相应的评价，展示小组同时也接受其他组的提问，并做出回答。提问主要针对工艺、技术等方面。

3．小组项目评价。

项目完成后的评价方式采用小组自评、小组互评、教师评价三种方式结合进行评价。

（1）小组自评（见表 3-7-1）

表 3-7-1 　　　　　　　　　　　　小组自评表

评价内容	评价标准			
1．本小组是否达到技术标准	合格	不良	返修	报废
2．与其他小组相比，你认为本小组的安全操作方法如何	优	合理	一般	差
3．在介绍成果时，本小组的表达是否清晰	良好	一般	差	
4．本小组成员的基本操作方法是否正确	正确	部分正确	不正确	
5．本小组演示操作时是否遵循了"5S"的工作要求	完全遵循工作要求	忽略部分要求	完全没有遵循	
6．本小组成员的团队合作精神与创新精神如何	良好	一般	较差	
7．总结这次任务本小组是否达到学习目标？对本小组的建议是什么				

小组长签名：　　　　　　　　　　　　　　　　　　　　　　　　　　年　　月　　日

（2）小组互评（见表 3-7-2）

表 3-7-2 　　　　　　　　　　　　小组互评表

评价内容	评价标准			
1．该小组的操作方法是否符合技术标准	合格	不良	返修	报废
2．与其他小组相比，你认为该小组的安全操作方法如何	优	合理	一般	差
3．在介绍成果时，该小组的表达是否清晰	良好	一般	差	
4．该小组演示基本操作的方法是否正确	正确	部分正确	不正确	
5．该小组演示操作时是否遵循了"5S"的工作要求	完全遵循工作要求	忽略部分要求	完全没有遵循	
6．该小组的成员团队合作精神与创新精神如何	良好	一般	较差	
7．总结这次任务该小组是否达到学习目标？对该小组的建议是什么				
总分				

小组长签名：　　　　　　　　　　　　　　　　　　　　　　　　　　年　　月　　日

（3）小组项目总体评价（见表 3-7-3）

表 3-7-3　　　　　　　　　　　　　　小组项目总体评价表

评价内容	配分	得分	签名
小组自评（10%）	10		
小组互评（20%）	20		
教师评价（70%）	70		
教师对小组 总体评价			
总分			

任课教师签名：　　　　　　　　　　　　　　　　　　　　　　　　年　　月　　日

4．项目实施个人总体评价

（1）自我评价（见表 3-7-4）

表 3-7-4　　　　　　　　　　　　　　自我评价表

评价内容	评价标准	努力方向或者建议
1．你负责的任务完成情况是否正常	正常　□ 不正常　□ 基本正常　□	
2．你觉得自己在小组中发挥的作用是什么	主导作用　□ 配合作用　□ 旁观者作用　□	
3．你对这个学习任务的学习是否满意	很好　□ 一般　□ 不太满意　□	
4．完成本次任务后，你学会使用哪些资源来查找相关资料	课本　□　　教师　□ 手册　□　　计算机　□ 其他　□ （可多项选择）	
5．通过完成本任务，你对本项目内容有一个初步的认识吗？哪些方面还有待进一步改善	完全掌握　□ 大部分能够掌握　□ 有一点点掌握　□ 没有　□	
6．完成工作页的质量	独立完成　□ 别人帮助　□	
7．在完成本任务的过程中你是否遇到过困难？遇到过哪些困难？你是怎样解决的		

本人签名：　　　　　　　　　　　　　　　　　　　　　　　　　　年　　月　　日

（2）个人总体评价（见表 3-7-5）

表 3-7-5　　　　　　　　　　　　个人总体评价表

评价内容	项目	配分	自我评价	小组评价	教师评价	综合评价
专业能力	机床保养	20				
	基本操作	15				
	安全文明生产	15				
社会能力	出勤、纪律、态度	8				
	讨论、互动、协作精神	10				
	表达、会话	8				
方法能力	学习能力、收集和处理信息能力、创新精神	24				
合计						

教师签名：　　　　　　　　　　　　　　　　　　　　　　　　年　　月　　日